建筑装饰施工企业施工员岗位培训教材

建筑装饰工程施工

陈保胜　张剑敏　马怡红　编

中国建筑工业出版社

图书在版编目（CIP）数据

建筑装饰工程施工/陈保胜,张剑敏,马怡红编.

北京：中国建筑工业出版社,1995(2005重印)

建筑装饰施工企业施工员岗位培训教材

ISBN 7 – 112 – 02541 – 9

Ⅰ.建…　Ⅱ.①陈…②张…③马…　Ⅲ.建

筑装饰 – 工程施工 – 技术培训 – 教材　Ⅳ.TU767

中国版本图书馆 CIP 数据核字(2005)第 048829 号

本书为建设部建筑装饰施工企业施工员岗位培训教材，内容包括建筑外墙、内墙、楼地面、顶棚、门窗、店面、玻璃幕墙装饰施工，花格的制作与安装，卫生洁具的安装，施工组织与管理，以及装饰工程机具等。书中配有大量的装饰构造及施工示意图，简明实用。每章后附有复习思考题，便于读者学习。

本书除可作为培训教材外，也可供土建工程技术人员及土建院校师生参考。

建筑装饰施工企业施工员岗位培训教材

建筑装饰工程施工

陈保胜　张剑敏　马怡红　编

*

中国建筑工业出版社出版、发行（北京西郊百万庄）

新 华 书 店 经 销

北京建筑工业印刷厂印刷

*

开本：787 × 1092 毫米　1/16　印张：11　字数：268 千字

1995 年 6 月第一版　2006 年 7 月第十六次印刷

印数：75,801—77,000 册　定价：**12.00** 元

ISBN 7-112-02541-9

TU · 1948 (7622)

出 版 说 明

随着建筑业的蓬勃发展,大批新颖、别致、高标准的建筑相继出现。这些建筑除在施工技术上融合了传统技法和现代技术之外,更巧妙地通过装饰设计,充分体现出建筑的性格与内涵。这对建筑装饰施工企业从业人员的技术素质无疑是一次全面的考查。

为确保建筑装饰工程质量,推动技术进步和全面提高建筑装饰施工企业施工员的技术素质,搞好建筑装饰施工企业施工员的岗位培训是一项艰巨而长期的工作。为此,我司组织同济大学的有关专家编写了本套教材,作为建筑装饰施工企业施工员的岗位培训教材,供各地使用。

1992年我司曾推荐使用江苏省建筑工程局组织编写的"建筑装饰施工企业施工员岗位培训试用教材"。该套教材出版后,满足了当时培训的急需,受到了广大读者的欢迎和好评。但随着装饰技术的发展和创新,该套教材的深度、广度及课程设置已不能满足培训的要求,因此我们组织重编了这套教材。在这套教材中,增加了《建筑装饰工程预算》,取消了《建筑装饰识图》和《建筑装饰美术》,使整套教材更加实用,更便于教学。

本套教材包括《建筑装饰设计》、《建筑装饰构造》、《建筑装饰材料》、《建筑装饰工程施工》、《建筑装饰工程预算》,共五册,由中国建筑工业出版社出版。

为使这套岗位培训教材日臻完善,希望各使用单位提出宝贵意见,以便进一步修订。

建设部人事教育劳动司

1995 年 2 月

前　　言

随着国民经济的高速发展,建筑装饰行业同样得到了迅速发展,对改变我国的城乡面貌、美化人们生活环境起到了积极作用。

建筑装饰的发展,推动了新材料、新技术、新工艺的不断出现。但是,由于装饰行业的发展时间还不长,专业技术人员的缺乏已成为该行业发展亟待解决的问题,因此,积极培养专业技术人才,提高装饰企业施工管理队伍的素质,已成了提高装饰工程项目技术水平和工程质量的关键。

本教材按装饰分项工程分别介绍装饰施工准备、操作工艺、质量要求、施工注意事项等,并结合装饰细部构造图、说明施工要点,层次清楚,简明易懂。本教材还介绍了近年来新的装饰施工工艺及装饰施工管理等,便于读者更好地提高装饰施工水平。

本教材从原理到一般,理论联系实际,深入浅出。除作为培训教材外,亦适用于大、中专院校建筑装饰专业的师生学习,以及从事建筑装饰设计、施工的工程技术人员在工程实践中参考。

由于我们的水平有限,不当之处,望广大读者批评指正。

目　　录

第一章 概 论

第一节 建筑装饰施工的意义

一、建筑装饰施工的任务

建筑装饰施工的主要任务是实现装饰设计的意图。设计师把他们的设计意图反映在图纸上,而装饰施工人员则把设计师的意图反映到实践中去。同时,装饰施工过程也是一个再创作过程,是对设计质量的检验和完善的过程。设计师所做的设计产生于装饰施工之前,因而对于最终的装饰效果缺乏实感,而装饰施工过程是实现设计意图的过程,它的每一道工序都检验着设计的合理性、科学性和实践性,因此它可以更充分的证明装饰效果优劣,所以,更有理由和义务对原设计提出改进意见和建议。也就是说,装饰施工人员不能完全被动地接受设计,而是要主动地完善设计,这就要求施工者应有良好的艺术素养和熟练的操作技能。熟悉图纸是实现装饰意图的前提,装饰施工是实现装饰意图的保证,只有设计者和施工者密切配合,才能达到理想的装饰效果。每一个成功的建筑装饰项目,不但显示了设计者的才华,同时也凝聚了装饰施工人员的智慧和劳动。

二、建筑装饰施工的特点

1. 建筑装饰的形象性

建筑装饰除了在建筑功能上的需求外,还具有广泛的社会意义。经过装饰后的建筑除了满足使用者对建筑美的要求之外,同时也美化了城市环境,换句话说,建筑标准可以衡量一个地区精神文明和物质文明的程度。它对促进城市和地区的经济发展都具有重要意义。

2. 装饰施工的相对独立性

建筑装饰施工除了继续完成普通建筑施工的装饰工程之外,也可以相对独立地承担装饰任务。随着城市环境质量的不断改善,大量新建筑的出现,旧城区的改建,古老建筑的修复,商业店铺装饰等均为装饰施工提出了新的内容,对于单体装饰,装饰施工队伍便可以独立地承担,而不必另请建筑公司来协助完成。在大中城市中,这样的工程相当多,原有建筑在基本解决功能要求前提下,也要求内外空间的美化装饰。这种装饰意味着以基本结构不动,仅仅装饰外表,这便是装饰设计和施工应完成的任务。

3. 建筑装饰施工的动态性

建筑装饰施工是随着经济和工业的发展而不断提高,同时它与装饰设计、装饰材料、装饰施工技术这三个方面有密切关系。因此,对于一幢建筑的装饰标准和形式而言,没有固定和永久的模式。从目前市场行情看,一幢建筑的装饰,使用时间最长不过10年,少则3～5年,需要重新再装饰,同时也推动了装饰市场的不断发展。

4. 建筑装饰施工的技术经济

建筑装饰施工过程是一项十分复杂的生产活动,就目前装饰工程施工现状而言,具有项目繁多、工程量大、施工工期长、耗用劳动量多、占建筑物总造价高等特点。

(1) 项目多工程量大。装饰工程项目繁多,包括抹灰、饰面、裱糊、油漆、刷浆、玻璃、罩面板和花饰安装等内容。一般民用建筑中,平均每平方米的建筑面积就有 $3\sim5m^2$ 的内墙抹灰,$0.15\sim1.3m^2$ 的外墙抹灰,高档次建筑的装饰,如内外墙镶贴、楼(地)面的铺设、房屋立面花饰的安装、门窗与橱柜木制品以及金属制品的油漆等工程量也相当大。

(2) 施工工期长。装饰工程要占地面以上工程施工工期的 $30\%\sim40\%$,高级装饰占总工期的 $50\%\sim60\%$。主体结构完工较快,装饰完工较慢的状况还较普遍。由于对装饰工程质量重视不够,普遍存在着质量不稳定的情况,以致各地出现众多的"胡子"工程,大都因装饰工程拖后腿所造成。

(3) 耗用劳动量多。装饰工程所耗用的劳动量占建筑施工总劳动量的 $15\%\sim30\%$。当前的建筑设计、施工和科研,还不能适应技术发展的需要。湿法作业多,干法作业少,手工操作多,机械化程度低。虽然近年来出现了一些较先进的施工操作法和机具,但所占比重仅 10% 左右。因而,工人的劳动强度仍然较大,生产效率不高。

(4) 占建筑物总造价高。装饰工程的造价一般占建筑物总造价的 30% 左右(其中抹灰的造价就占建筑物总造价的 $10\%\sim15\%$),一些装饰要求高的建筑则占到 50% 以上,甚至有的装饰工程的造价比土建造价高出 $2\sim3$ 倍的情况,这与上述的工程量大、工期长、用工多是密切相关的。

第二节　建筑装饰施工的范围

建筑装饰施工的范围很广,几乎涉及各种建筑类型。建筑物的各个部位以及建筑施工的各个工种,即除了建筑的主体工程和部分设备安装之外的一切建筑工程都在建筑装饰施工的范围之内,如果详细划分,它的范围可以包括如下几方面:

一、建筑装饰施工所涉及的建筑类型范围

从总体上建筑可分为民用建筑(包括居住建筑和一切公共建筑)、工业建筑、农业建筑、军事建筑等。其中军事建筑包括一些构筑物和保密的高技术建筑,如导弹发射控制室,也需要装饰,但最常见的装饰施工领域是在民用和工业建筑上,而以民用建筑中的公共建筑为主。现在有 50% 以上的装饰工程集中在商业建筑、旅馆建筑、观演建筑、文化建筑、邮电通讯建筑、交通建筑等。随着人民生活水平的提高,装饰也已渗透到办公室、家庭。

二、建筑装饰施工的部位范围

建筑装饰施工的部位范围主要是可接触到或可见到的部位范围。建筑中一切与人的视觉和触觉有关的,能引起人们视觉愉悦和产生舒适感的部位等都有装饰的必要,而从总体上讲,分室外和室内两部分。在室外,建筑的外表面有墙体、入口、台阶、门窗(橱窗)、檐口、雨篷、屋顶、柱、建筑小品等都须进行装饰。在室内,顶棚、隔墙、柱、隔断、门窗、地面以及与这些部位有关的灯具和其他小型设备也都在装饰施工的范围之内。

三、建筑功能要求的装饰部位

由建筑功能要求的装饰部位,除满足美观要求外,功能要求切不可忽视,如声学实验室的消声装置,完全是根据消声需要而定。观演建筑的吸声与反声面,也是根据声学原理而定,每一斜一曲都是包含了声的原理。再如洁净建筑中地板踢脚、顶棚与墙体相交的圆角、顶棚和地面上的送回风口位置,都应符合洁净要求。如有保温、采暖、遮阳、防潮、采光等功能要求,首先要满足功能要求,其次才是装饰。

四、建筑装饰施工的工种范围

建筑装饰施工所涉及到的工种面广、内容多,它不仅体现抹灰、木、水、电、油漆等基本工种的单项技术,同时还体现了这些工种的技术素质和艺术修养。因此,作为现场指挥施工的负责人不仅要协调好这些工种之间的关系,同时这些工种之间还须互相配合,群策群力,以保证工期和施工质量。

第三节 建筑装饰施工的质量要求

社会主义经济建设的根本目的,是创造和增加社会物质财富。对工程建设而言,一是加快施工进度,增加工程数量;二是提高工程质量;三是降低工程成本。

提高工程质量是国家根本利益之所在,因为没有质量就谈不上效益。在我国经济建设中,速度也是十分重要的,但质量却是根本。如果不能保证工程质量,达不到设计要求,速度再快也是毫无意义的,只会造成更大的浪费,工程质量的优劣,不仅关系到企业的信誉,也关系到企业的命运和生存,更重要的是关系到国民经济的全局,关系到国家的各项建设和工业生产,关系到人民生活。

质量管理的发展大致分为三个阶段:一是质量检查阶段;二是统计质量管理阶段;三是全面质量管理阶段。

质量检查阶段:大约在 20 世纪的 20~30 年代,这个时期的质量管理,主要是于事后把关检查,在大量产品中剔出废品。

统计质量管理阶段:起始于二次世界大战初期。它的基本思想是积极预防,检查与预防相结合,用数理统计的方法分析生产中可能影响产品质量的因素和环节,并进行控制和协调。

全面质量管理阶段:从 50 年代末、60 年代初开始。其基本思想是把专业技术、经营管理、数理统计和思想教育结合起来,建立起工程的研究设计、施工建设、售后服务等一整套质量保证体系,从而用最经济的手段来施工用户满意的工程。其基本核心是强调提高人的工作质量,保证工序质量,以工序质量保证产品质量,从而达到全面提高社会效益的目的。其特点是把以事后检查为主,变为预防和改进为主;从管结果变为管因素,依靠科学方法,使生产、经营的全过程都处于受控状态。

一、质量管理的定义及"质量"的含义

质量管理是企业对提高工程质量,组织全体职工及有关部门,综合运用管理技术、专业技术和科学方法,经济合理地对工程的结构性能、使用功能和观感质量,以及效率、工期、成本、安全等所进行的计划、组织、协调、控制、检查、处理等一系列活动有效保证。

质量管理中"质量"的含义主要有三个方面,即工程质量、工序质量和工作质量。

1. 工程质量

工程质量即指能够满足国家建设和人民需要所具备的自然属性。通常包括适用性、可靠性、安全性、经济性和使用寿命等,也就是工程的使用价值。这种属性区别了工程的不同用途。建筑工程的施工质量,是指建筑物、构筑物或构件,是否符合"设计文件"、"建筑安装工程

施工及验收规范"和"建筑安装工程质量检验评定标准"的要求。

2. 工序质量

即在生产过程中,人、机器、材料、施工方法和环境等对产品综合起作用的过程,这个过程所体现的工程质量叫工序质量。工序质量也要符合"设计文件"、"施工及验收规范"及"质量检验评定标准"的规定。工序质量是形成工程质量的基础。

3. 工作质量

加强施工企业的经营管理,技术组织和思想政治工作,是提高工程质量的保证,也是提高企业经济效益的保证。工作质量并不象工程质量那样直观,它主要体现在企业的一切经营活动中,通过经济效果、生产效率、工作效率和工程质量,较集中地表现出来。

工程质量、工序质量和工作质量,是三个不同的概念,但三者有密切的联系。工程质量是企业施工的最终成果,它取决于工序质量和工作质量。工作质量是工序质量、工程质量的保证和基础。保证和提高工程质量,不能孤立地就工程质量抓工程质量。必须努力提高工作质量,以工作质量来保证和提高工序质量,从而保证和提高工程质量。提高工程质量的目的,归根结蒂还是为了提高经济效益,为社会创造更多的财富。

二、搞好工程质量管理的措施

工程建设的特点是:建造周期长,构造复杂,形式多样,产品固定,人员流动,工种工序繁多,手工操作为主,环境影响大等。这使质量管理工作的难度增大,同时还须要将质量管理工作贯穿施工生产的全过程。一般要做好下列工作:

(1)要端正经营指导思想,纠正片面追求产值和数量而忽视工程质量的错误倾向。要教育全体职工,提高质量意识,正确处理质量与数量的关系。建设管理部门考核企业,必须把质量指标置于首要地位,一个企业的质量指标达不到,其他的指标完成得再好也不能算完成任务,一个工程的质量达不到国家质量检验评定标准的合格要求,不能计算产值和竣工面积。工程质量必须与经济挂钩,质量指标要在经济分配中起作用,就是要根据完成工程的质量优劣情况,核发工资和奖金。

(2)加强对勘察设计、施工、构件生产企业的管理,按照核定营业范围承建工程,凡无承担设计、施工的要清退,并给以经济制裁,如由于设计、施工原因使工程质量低劣而造成经济损失,要追究建设、设计和施工单位的责任。对发生重大质量事故,特别是发生倒塌事故的,必追究有关负责人的刑事责任,严肃处理。

勘察设计单位和施工、构件生产企业,要建立健全质量责任制,坚持谁负责生产,谁就负责质量的原则,定岗定人。企业的质量管理和技术管理的规章制度必须健全。原材料的检验,隐蔽工程检查验收,竣工验收等制度首先要健全起来。凡是没有技术资料或技术资料残缺,不能说明工程质量状况的,都不能定为合格工程。企业必须加强自我检查,发挥质检机构的权威性,以把好企业的工程质量关。

为了促进企业加强管理,要强化政府对工程质量的监督检查。竣工工程,必须由监督部门核定认可才能竣工。

(3)加强职工培训,全面提高技术素质。企业领导要组织职工学习国家颁发的施工规范、质量检验评定标准及操作规程,经考试合格者,发给证书方可上岗。严格按规范、规程施工。同时,要积极推进技术改造,采用先进工艺,用新技术、新设备来代替那些落后工艺和落后设备,把操作水平提高,克服长期存在的质量通病,使工程质量的水平不断提高。

三、质量管理的形式和主要内容

(一)质量保证体系

企业以保证和提高工程质量为目标,运用系统工程的概念和方法,把各阶段、各环节的质量管理职能组织起来,形成一个有明确任务、职责和权限,又能互相协调与相互促进的有机整体,这个协调的综合体,就叫质量保证体系。

质量保证体系的基本运转方式是:计划(简称 P 阶段)、实施(简称 D 阶段)、检查(简称 C 阶段)、处理(简称 A 阶段)四个阶段的管理循环,它们不停地、周而复始地运转,每运转一次,工程质量就提高一步。这就是质量管理的形式。

图 1-1 所示为循环的关系,如若是以一个企业为单位,小环代表班组的管理,中环代表施工队(工程处)的管理,大环代表公司的管理。如若是以一工程为单位开展质量控制管理,则小环代表分项工程的管理,中环代表分部工程的管理,大环代表单位工程的管理。图 1-2 表示循环是逐步提高的,每循环一次,工程质量就提高一步。这是质量管理最基本的形式,或者说是质量管理的核心。

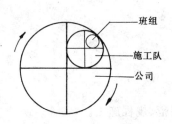

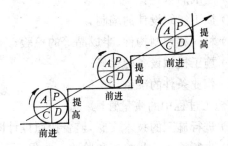

图 1-1　PDCA 循环关系示意图　　　　　图 1-2　PDCA 循环逐步提高示意

(二)质量保证体系基本内容

施工企业的质量保证体系通常由思想保证体系、组织保证体系和工作质量保证体系三个部分组成,如表 1-1 所示。

在表 1-1 的工作保证体系中,施工工作保证体系包括施工准备、施工过程、使用过程的质量管理三个基本组成部分。

施工企业质量保证体系的组成　　　　　　　　　　　表 1-1

序　号	保证体系名称	基　本　内　容
1	思想保证体系	(1) 百年大计,质量第一 (2) 对用户负责,让用户满意 (3) 预防为主,把下道工序当作用户
2	组织保证体系	(1) 企业管理中各项职能机构齐全 (2) 企业建立了综合性质量管理机构 (3) 有专门质量检验机构和专职检测人员

序　号	保证体系名称	基　本　内　容
3	工作保证体系	(1) 材料构配件供应质量保证体系 (2) 机具设备质量保证体系 (3) 施工计划调度管理保证体系 (4) 经济政策保证体系 (5) 施工工作保证体系—— a.施工准备过程质量保证体系 b.施工过程质量保证体系 c.竣工验收及使用过程质量保证体系 (6) 培训教育保证体系 (7) 质量检测、计量保证体系 (8) 生活福利保证体系 (9) 回访保修质量保证体系

1. 施工准备阶段的质量管理工作

(1) 图纸的审查；

(2) 施工组织设计的编制；

(3) 材料和预制构件、半成品等的检验；

(4) 施工机械设备的检修；

(5) 作业条件的准备。

2. 施工过程中的质量管理

(1) 进行施工的技术交底,监督按照设计图纸和规范、规程施工。

(2) 进行施工质量检查和验收。为保证工程质量,必须坚持质量检查与验收制度,加强对施工过程各个环节的质量检查。对已完成的分部分项工程,特别是隐蔽工程进行验收,达不到合格的工程绝不放过,该返工的必须返工,不留隐患。这是质量控制的关键环节。

(3) 质量分析。通过对工程质量的检验,获得大量反映质量状况的数据,采用质量管理统计方法对这些数据进行分析,找出产生质量缺陷的各种原因。质量检查验收终究是事后进行的,即使发现了问题而事故已经发生,浪费已经造成。因此,质量管理工作应进行在事故发生之前,防患于未然。

(4) 实施文明施工。按施工组织设计的要求和施工程序进行施工,做好施工准备,搞好现场的平面布置与管理,保持现场的施工秩序和整齐清洁。这也是保证和提高工程质量的重要环节。

3. 使用阶段的质量管理

工程投入使用过程是考验工程实际质量的过程。它是工程质量管理的归宿点,也是企业质量管理的出发点。所以,工程质量管理必须从现场施工过程延伸到使用过程的一定期限(通常为保修期限),这才是全过程的质量管理。其质量管理工作主要有:

(1) 实行保修制度,对由于施工原因造成的质量问题,施工企业要负责无偿保修,以提高企业信誉。

(2) 及时回访,对工程进行调查,听取使用单位对施工质量方面的意见,从中发现工程质量中存在的问题,分析原因,及时进行补救。同时,也为以后改进施工质量管理积累经验,收集信息。

（三）质量管理点

质量保证体系是将有关部门、有关环节、有关因素组成一个紧密协调的综合体，这是对一般质量管理而言。但是，通过对保证体系的子体系或各阶段（部门或环节）工作以及工程质量的质量特性的实际分析，就会发现工程质量特性的水平是不一致的。为了分阶段逐步而又尽快地把工程质量搞上去，在质量分析的基础上，抓住影响工程质量的主要因素或工程质量的薄弱环节，集中力量予以解决。这些重点解决的主要因素或工程质量的薄弱环节，就称为"质量管理点"。

建立质量管理点的主要目的是让操作者突出自我控制，增强质量意识，加强自我管理。

质量管理点可以是质量保证体系主要组成部分，或工序质量管理中需要重点控制的关键部位，也可以是某工种班组操作的薄弱环节。建立质量管理点可以有效地控制工程质量，取得事半功倍的效果，由于工程的不同，或是同一工程、同一工序由于承担施工的单位不同、环境不同等，所建立的质量管理点也可能不同。一般情况下建立质量管理点的原则是：

（1）结构中的关键部位；

（2）复杂工程、复杂部位、复杂工艺或新工艺，需要重点控制的工序；

（3）质量特性不稳定，质量通病容易发生的工序或部位。

建立质量管理点的工序，在单位工程中应按分部分项工程的管理流程图（或计划网络图），用不同的表示方法（如方框、颜色等）显示出来，以使管理人员明白，并在技术交底时交待清楚。管理点应有明确的标志，标明质量特性值的现状、技术标准、管理目标（特性值的控制规范）、采用的检测工具、数理统计工具，以及在出现异常情况时可采用的一些对策措施。对管理点的工作要明确专人管理，做好记录，定期整理归档，并按规定及时传递信息。

质量水平稳定的企业，在正常情况下施工时，其分项、分部和单位工程可分层次地按控制或计量部位，将管理点的工作项目、技术标准、检验内容、检查方式等明确规定下来，使其标准化。

（四）管理效果的检查

在一个工程施工结束或告一段落时，应对前段（或前期）质量管理或控制的效果进行检查分析，以便于后期改进。目前，利用绘制频数直方图来检查和判断质量情况的较多，它是通过观察图形的形状，来判断质量是否稳定；看直方图处在公差范围内的位置，来判定管理效果的好坏。在图 1-3 中，B 是实际特性测值分布范围，T 是公差范围，其各种情况是：

（a）B 在 T 中间，平均值也恰好与公差中心重合，实测特性测值两边还有一定余地，这样的工序质量是很理想的。

（b）B 虽然落在 T 内，但因偏向一边，因此仍有超差可能，须采取措施把分布移到中间来。

（c）B 在 T 中间，但两侧完全没有余地，稍有不慎就会超差，必须采取措施缩小分布范围。

（d）公差范围过份大于实际分布，此时应考虑适当放宽操作精度，以减少不必要的工时浪费。

（e）图中 B 过份偏离 T 的中心造成超差，应采取措施纠正。

（f）图中实际特性测值 B 大于公差范围 T，产生超差，应缩小实际分布，提高操作精度。

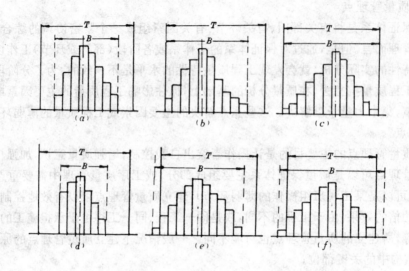

图 1-3 管理效果频数直方图

四、装饰工程质量检验评定

随着国民经济的发展，人民生活水平的提高，人们对美化城市、美化建筑及美化工作和生活环境的要求越来越高，因此，装饰工程施工的质量显得十分重要。在国家颁发的《建筑工程质量检验评定标准》GBJ301—88（以下简称《标准》）中，将装饰在工程质量优良，列为单位工程质量优良的必备条件，这一规定，充分说明了装饰工程在建筑工程中所占有的重要位置。

（一）《标准》的适用范围

《标准》的十一章"装饰工程"，适用于工业与民用建筑的室外与室内墙面、顶棚等装饰工程，包括楼（地）面油漆和打蜡工程，不包括家具、灯具和卫生洁具等装饰。《标准》的适用范围见表1-2。

装饰工程质量检验评定标准适用范围   表 1-2

序 号	名 称	适 用 范 围
1	一般抹灰工程	石灰砂浆，水泥混合砂浆，水泥砂浆，聚合物水泥砂浆，膨胀珍珠岩水泥砂浆，麻刀石膏灰等
2	装饰抹灰工程	水刷石，水磨石，干粘石假面砖，拉条灰，拉毛灰，洒毛灰，喷砂，喷涂，滚涂，弹涂，仿石和彩色抹灰等
3	门窗工程	铝合金门窗安装、钢门窗安装、塑料门窗安装等
4	油漆工程	混色油漆，清漆和美术油漆工程以及木地板烫蜡，擦软蜡，大理石，水磨石地面打蜡工程
5	刷（喷）浆工程	石灰浆，大白浆，可赛银浆，聚合物水泥浆和水溶性涂料，无机涂料等以及室内美术刷浆，喷浆工程等

序 号	名 称	适 用 范 围
6	玻璃工程	平板玻璃,夹丝玻璃,夹丝玻璃,磨砂玻璃,钢化玻璃,彩色玻璃,压花玻璃和玻璃砖等安装
7	裱糊工程	普通壁纸,塑料壁纸和玻璃纤维墙等
8	饰面工程	天然石饰面板:大理石饰面板,花岗石饰面板等 人造石饰面板:人造大理石饰面板,预制水磨石饰面板,预制水刷石饰面板等 饰面砖:外墙面砖、釉面砖、陶瓷锦砖(马赛克)等
9	罩面板及钢木骨架安装	罩面板:胶合板,塑料板,纤维板钙塑板,刨花板,木丝板,木板等 钢木骨架:木骨架,钢木组合骨架,轻钢龙骨骨架等
10	细木制品	楼梯扶手,贴脸板,护墙板,窗帘盒,窗台板,挂镜线等
11	花饰安装	混凝土花饰,水泥砂浆花饰,水刷石花饰,石膏花饰等

(二)质量检验方法

检查装饰工程质量的人员,应熟悉规范、规程,要具有一定的施工经验,同时要经过质量检查的培训,能够按照规范的规定,评出正确的质量等级。检验的方法主要有目测、手感、听声音、查资料和施行检测等。

1. 目测

如墙面的平整、顶棚的平顺、线条的顺直、色泽的均匀、图案的清晰等,都是靠人们的视觉来判定。为了确定装饰效果和缺陷的轻重程度,又规定了正视、斜视和不等距离的观察。

2. 手感

如表面是否光滑,刷浆是否掉粉等,要以手摸检查,为了确定饰面和饰件安装或镶贴是否牢固,需要手摇或手摸检查。在检查过程中要注意成品的保护,手摸时要"轻摸",防止因检查造成饰面或饰件表面的污染和损坏。

3. 听声音

为了判定装饰面层安装或镶贴得是否牢固,是否有脱层、空鼓等不牢固现象,需要手敲、用小锤敲击,听声音来鉴别。在检查过程中,应注意"轻敲"和"轻击",防止成品表面出现麻坑、斑点等破损。

4. 查资料

装饰工程技术资料要比主体结构工程的技术资料少一些。为了确保工程质量,必要时,要查对设计图纸、材料产品合格证,材料试验报告或测试记录等,借助有关技术资料,正确评定工程质量等级。

5. 施行检测

对装饰工程的质量,有时需要实测实量、将目测与实测结合起来进行"双控",评出的质量等级更为合理。

(三)质量等级的评定方法

装饰工程作为建筑工程中的一个主要分部工程,它包括若干分项工程。装饰分部工程质量的评定,是在所含分项质量评定之后进行。根据其所含分项工程质量的检验评定结果,用统计计算的方法,评出装饰分部工程的质量等级。分项的质量评定是分部质量评定的基础。

1. 分项工程的划分

就建筑工程而言,分项工程一般是按主要工种工程划分。而同一个分项的个数,对多层及高层房屋工程,按楼层(段)划分;单层房屋工程,按变形缝划分。在评定分部工程质量等级时,其每一个分项均应参加评定。

装饰工程分部的分项名称,按表1-3所列有11个。具体到一个工程,某一项可能是一项也可能是有几种分项。分项个数的划分要考虑施工管理与安排、工程量的多少和质量评定的方便等因素。比如一栋六层砖混结构的办公楼室内抹灰,可按楼层划为6个分项。如果办公楼很多,设置伸缩缝,抹灰又不是一个班组,这样的情况下可按施工段一层划分2个或2个以上的分项。又如住宅楼的室内油漆、玻璃安装等,按单元划分分项个数,多层建筑一个单元为一个分项。但是,高层或超高层住宅楼,一个单元的油漆工程可能分期、分段进行,这样施工安排,一个单元不限于1个分项。

少数零星施工项目可划为1个分项,如六层办公楼的饰面安装工程,仅在每层的卫生间有瓷砖镶贴,可划为1个分项。六层办公楼的细木制品工程仅有楼梯木扶手,类似情况可划为1个分项,直接参加分部工程质量的评定。

分项个数的划分直接影响分部工程质量评定结果,在一个单位工程中,装饰分部所含分项个数的划分应尽量一致。

2. 分部工程质量评定

装饰分部工程质量等级,分合格与优良两个等级。合格,要求所含和分项全部达到合格标准,如果有不合格项目,必须修理直至合格;优良,要求所含和分项全部合格,并且其中有50%以上分项工程达到优良(如果优良的分项工程达不到50%,只评为合格)。

质量检验评定组织,装饰分部工程质量由相当于施工队一级的技术负责人组织评定,专职质量检查员核定。

装饰分部工程质量检验评定用表见表1-3。

下面举此例说明分部工程质量的评定分部工程质量的评定方法及注意事项。

工程概况:某机关办公楼,六层砖混结构,建筑面积5400m²,室外首层水刷石,其他喷涂;室内墙面中级抹灰,喷大白浆;顶棚预制多孔板勾缝喷浆;门窗混色中级油漆,安装平板玻璃;卫生间贴瓷砖墙裙;楼梯间做铁栏杆木扶手。

首先整理和检查所含分项工程质量评定表,检查分项工程质量评定表填写得是否正确,所含分项是否有漏评,然后将同名称的分项集中计算分项数,分别填入表内。

工程名称:填写分部工程所在的单位工程名称。

装饰分部工程质量评定表 表1-3

工程名称:某机关办公楼

序　号	分项工程名称	项　数	其中优良项数	备　注
1	室外水刷石	1	1	首层优良
2	喷涂	5	2	二、三层优良
3	室内抹灰(中级)	6	2	一、六层优良

序　号	分项工程名称	项　　数	其中优良项数	备　　注
4	刷浆(中级)	6	3	一、二、六层优良
5	油漆(中级)	6	3	一、二、三层优良
6	玻璃	6	4	一、二、四、六层优良
7	贴瓷砖	1	—	
8	楼梯扶手栏杆	1	—	
9				
10				
11				
12				
合　　　计		32	15	优良率47%
评定等级	合格	技术负责人：××× 工程负责人：×　×	核定意见　合格	核定人：×××

×××年×月×日

序号：一般是按施工先后依次填写。

项数：填写同一名称分项汇总的项数。其中优良项数填入"其中优良项数"栏。没有优良项数应在栏内注明，可用"无"字或画一横线表示，不宜空白。

备注：一般注明优良项目所在的建筑部位，或者注明评定人员要说明的问题。

合计：填写合计项数、优良项数、优良率。

$$优良率 = \frac{合计优良项数}{合计项数} \times 100\%$$

评定等级：根据合计栏所计算的百分率，评出分部工程的质量等级。

核定意见：由专职质量检查人员填写，确切地写明优良、合格或不合格的意见，或者简要注明要说明的问题。

日期：填写评定的时间。

最后由技术负责人、工程负责人、核定人共同签名认证。

从表1-3所填写的结果看，全部合格，优良率47%，因此，某机关办公楼的装饰分部工程质量等级评为合格。

五、影响装饰工程质量的主要因素

根据实践经验总结，影响装饰工程质量的主要因素是人、环境、机具、材料及方法，概括为五个方面，即所谓五大因素。这五个因素之间互相联系并互相制约，是不可分割的有机整体。装饰工程质量管理的关键是狠抓这五个因素，将"事后把关"重点转移到"事前预防"，将施工中容易出现质量问题的各种因素控制起来，把管理工作置于生产过程之中。

（一）操作人员

就建筑工程整体而言,人的因素指企业各部门、人人都关心质量管理,即通常所讲的"全员管理"、"全企业管理"。具体到装饰工程,包括若干个分项工程,各分项主要是手工操作,操作人员的技能、体力、情绪等在生产过程中的实际情况及某些波动、变化,会直接影响到工程质量。要强调"预防为主",首先要强调人的主观能动性。在施工操作中,操作人员造成操作误差的主要原因是:质量意识差,操作时粗心大意;操作技能低,技术不熟练;质量与分配的关系处理不当而影响操作者积极性等。因此,应采取以下措施。

1.增强操作人员的质量意识

要树立以优质求信誉,以优质求效益的指导思想。强化"质量第一,用户至上,下道工序是用户"的质量意识教育,提高职工搞好工程质量的自觉性和责任感,在数量、进度、效益与质量发生矛盾时,必须坚持把质量放到首位。

2.工程质量与操作者的利益挂钩

在推行承包经营责任制中,要把工程质量列入重要考核指标,将质量好坏与操作者的工资、奖金挂钩,定期检查,严格考核,严明奖惩。对为提高工程质量做出贡献的人员要奖励;对忽视质量,弄虚作假,违章操作,造成重大质量事故的要严肃处理。充分体现奖勤罚懒,奖优罚劣,多劳多得,少劳少得,促使操作人员关心质量、重视质量,使质量管理具有较强的经济动力和群众基础。

3.组织技术培训

开展技术培训工作,提高职工的技术素质。组织操作技术练兵,提高操作技术水平,既掌握传统工艺,又掌握新材料、新技术和新工艺。经过培训后,对于关键岗位、重要工序的技术力量,要注意保持相对稳定。

4.认真执行"三检制"

"三检制"是指自检、互检和交接检。这是工程质量管理工作的重要手段,通过"三检制"可以促进自我改进和自我提高的能力。

自检,即操作者自我把关,保证操作质量符合质量标准。对班组来说,就是班组自我把关,保证交付符合质量标准的产品。

互检,可由班组长组织在同工种的各班组之间进行。通过互检肯定成绩,找出差距,交流经验,共同提高。

交接检,一般由工长或施工队长组织进行。为了保证上道工序质量,进行交接检以促进上道工序自我严格把关。

(二)机具设备

"工欲善其事,必先利其器",自古以来,在建筑营造业方面,工匠对所用的工具都是十分讲究的。如今的装饰工程施工正向工业化、装配化发展,机具设备已经成为生产符合要求的工程质量的重要条件之一。

对于机具设备因素的控制,应按照施工工艺的需要,合理地选用先进机具。为了保证生产顺利进行,机具在使用前必须检查。在使用过程中要加强维修与保养,并定期检修。使用之后精心保管,建立健全管理制度,避免损坏,减少损失。

(三)工作环境

施工操作的环境,如施工的温度、湿度、风雨天气、环境污染及工序衔接等,对装饰工程质量的影响都是比较大的,一般应进行以下控制。

1. 施工温度与湿度

如前所述，刷浆、饰面和花饰工程以及高级抹灰、混色油漆工程不低于 5℃；中级和普通抹灰、普通的混色油漆工程，以及玻璃工程应在 0℃以上；裱糊工程不应低于 15℃；用胶粘剂粘贴的罩面板工程，不应低于 10℃；室外涂刷石灰砂浆，不应低于 3℃。

环境湿度对质量影响较为显著，必须严格控制。如在砖墙面上抹灰，必须把墙面浇水润湿；水泥砂浆抹灰层，必须在湿润条件下养护；油漆工程基层必须干燥。

2. 天气好坏对环境的影响

油漆工程操作地点应清理干净，环境清洁并通风良好，雨雾天不宜作罩面漆；室外使用涂料，不得在雨天施工；六级大风不得进行干粘石的施工。

3. 工序衔接与安装

工序衔接与工序安排合理，为施工创造良好环境，有利于工程质量。如装饰工程应在基体或基层的质量检验合格后，方可施工；室外装饰，一般应自上而下进行（高层建筑采取措施后也可分段进行）；室内装饰工程应待屋面防水工程完工后，并在不致被后继工程所损坏和沾污的条件下进行；室内罩面板和花饰等工程，应待易产生较大湿度的地（楼）面的垫层完工后施工；室内抹灰要在屋面防水完工前施工，必须采取防护措施。

有时为了抢工期或者管理不善，出现工序颠倒，会造成返工修理，既影响质量，又会拖延时间，欲速则不达。

（四）材料质量

装饰材料是装饰工程的物质基础。正确地选择、合理地使用材料是保证工程质量的重要条件之一。控制材料质量的措施有以下几点。

1. 必须按设计要求选用材料

装饰材料品种繁多，档次不同，应用特点各异，色泽、图案变化复杂，为达到理想的装饰效果及符合工程质量要求，所用材料必须符合设计要求。

2. 选用符合标准规定的材料

所用材料的质量，必须符合现行有关材料标准的规定。供应部门要提供符合要求的材料，包括成品与半成品，确保材料符合工程的实际需要。质量低劣的材料，会给工程造成严重损失。

3. 对进场材料加强验收

材料进场后要加强验收，验规格，验品种，验质量，验数量。在验收中发现数量短缺、损坏、质量不符合要求等情况，要立即查明原因，分清责任，及时处理。在使用过程中对材料质量发生怀疑时，应抽样检验，合格后方可使用。

4. 做好材料管理工作

材料进场后，要做好材料的管理工作，按施工总平面图和施工顺序布置，就近合理堆放，减少二次搬运，并应加强限额管理和发放，避免和减少材料损失。装饰工程所用的砂浆、灰膏、玻璃、油漆、涂料等，如需加工和配制者，应集中进行加工和配制。所有饰件及有饰面构件，在运输、保管和施工过程中，必须采取措施，防止损坏、沾污和变质。

5. 采用正确的操作方法

装饰的各分项工程所用机具、材料以及工作环境与施工部位等种种不同，要求采用正确的操作方法，以达到分项工程本身的使用功能、保护作用和装饰效果。否则，采用错误的操作方法,是难以达到质量标准的。将人、机具、材料和环境等各种因素,通过稳妥的操作方法来实施,预防可能出现的质量缺陷,从而保证施工质量。

复 习 思 考 题

1. 建筑装饰施工有哪些特点?
2. 建筑装饰工程的质量检验方法与质量等级的评定方法有哪些?
3. 影响装饰工程质量的主要因素有哪些?

第二章 外墙装饰工程

外墙装饰,既对外墙起了保护作用,又增加了建筑的艺术效果。外墙装饰一般分抹灰、贴面和镶挂三大类。

第一节 外墙抹灰工程

抹灰又称粉刷。是由水泥、石灰膏为胶结料加入砂或石渣,与水拌和成砂浆或石渣浆,然后抹到墙面上的一种操作工艺,具有材源广,施工简便,造价低廉等优点。

抹灰工程按质量要求和所用材料分为一般抹灰、装饰抹灰和特殊抹灰。

一、一般抹灰

(一)一般抹灰的组成和分类

1. 一般抹灰的组成

一般抹灰按建筑物使用要求和质量标准,分普通、中级和高级三级。普通抹灰为一底层、一面层,二遍完成。分层抹平、修整,表面压光;中级抹灰为一底层、一中层、一面层三遍完成(也有一底层、一面层二遍完成),阳角找方,设置标筋(又称冲筋),分层抹平,修整,表面压光;高级抹灰为一底层、几层中层、一面层多遍完成,要求阴阳角找方,设置标筋,分层抹平、修整,表面压光。

由图 2-1 可以看出,抹灰是分层进行的,这样有利于保证质量。如果一次抹得太厚,由于内外吸水快慢不匀,容易出现干裂、起鼓和脱落。底层的作用在于使抹灰与基层牢固地结合和初步找平;中层的作用在于找平墙面;面层(又称罩面)是使表面光滑细致,起装饰作用。

各抹灰层的厚度根据基层的材料、抹灰砂浆种类、墙面表面的平整度和抹灰质量要求以及各地气候情况而定。抹水泥砂浆,每遍厚度为 5~7mm;抹石灰砂浆和混合砂浆,每遍厚度为 7~9mm;面层抹灰经抹平压实后的厚度:麻刀石灰不得大于 3mm;纸筋石灰、石膏灰不得大于 2mm。抹灰层的平均厚度控制在 15~25mm,应视具体部位及基层材料而定。如现浇混凝土顶棚、板条顶棚抹灰厚度不大于 15mm;预制混凝土顶棚抹灰厚度不大于 20mm;外墙勒脚及突出墙面部分的抹灰厚度不大于 25mm。

2. 一般抹灰的分类

一般抹灰包括石灰砂浆、水泥混合砂浆、水泥砂浆、聚合物水泥砂浆、膨胀珍珠岩水泥砂浆和麻刀石灰、纸筋石灰、石膏灰等。抹灰工程采用的砂浆品种应按设计要求选用,如设计无要求,应符合下列规定:外墙门窗洞口的外侧壁、屋檐、勒脚、女儿墙等的抹灰用水泥砂浆或水泥混合砂浆;湿度较大的房间和车间抹灰用水泥砂浆或水泥混合砂浆;混凝土板和墙的底层抹灰用水泥砂浆或水泥混合砂浆;硅酸盐砌块的底层抹灰用水泥混合砂浆;板条、金属网顶棚、墙的底层、中层抹灰用麻刀石灰砂浆或纸筋石灰砂浆;加气混凝土块和板的底层抹灰用水泥混合砂浆或聚合物水泥砂浆。外墙一般抹灰的几种常用做法如表 2-1 所示。

外墙一般抹灰的几种常用做法 表 2-1

部 位	要 求	总厚度(mm)	常用做法	适用范围
外墙面	处于露天要求有一定的防水性能	20～25	1:1:6 水泥石灰砂浆底层 1:1:6 水泥石灰砂浆面层	砖墙、砌块墙
			1:1:6 水泥石灰砂浆底层 1:0.5:4 水泥石灰砂浆面层	
			1:2.5 水泥砂浆勾缝 (或 1:0.5:4 水泥石灰砂浆)	砖块质量较好的
勒脚、踢脚板、墙裙	处于潮湿,碰撞,防水,坚固	20～25	1:3 水泥砂浆底层 1:2.5 水泥砂浆面层	墙

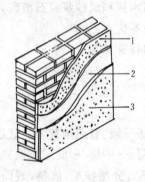

图 2-1 抹灰的组成
1—底层;2—中层;3—面层

为了保证抹灰工程的质量,必须注意砂浆的选料和备料。石灰膏应用块状生石灰淋制,淋制时必须用孔径不大于 3mm×3mm 的筛过滤除尽杂质、硬块,并贮存在沉浓池内加以保护,防止其干燥、冻结和污染。冻结、风化、干硬的石灰膏不得使用。石灰熟化要有足够的时间,常温下不少于 15d,罩面石灰膏不少于 30d,未熟化透的石灰碎粒不准抹在墙上,否则吸收空气中的水分继续熟化而使墙面出现麻点,隆起或开裂影响墙的质量。砂用中砂或粗砂与中砂混合掺用,要求颗粒坚硬洁净,含泥量不得超过 3%,砂在使用前最好过筛,纸筋,麻刀在抹灰中起拉结和骨架作用,使抹灰层不易开裂脱落。抹灰用的纸筋应浸透、捣烂、洁净;罩面纸筋宜机碾磨细。

抹灰砂浆要求有较好的粘结力,以保持其经久不剥落。其配合比和稠度等应经检查合格后方可使用,水泥砂浆及掺有水泥或石膏拌制的砂浆,应控制在初凝前用完。砂浆中掺用外加剂时其掺入量应由试验确定。

(二)一般抹灰施工

1.一般抹灰的基层处理

为使抹灰砂浆与基层粘结牢固,抹灰前必须对基层进行处理。墙面和楼板上的孔洞,门窗框和墙连接处的缝隙应用水泥混合砂浆分层嵌塞密实。砖墙灰缝应砌成凹缝,抹灰前应清扫灰缝。灰板条墙或顶棚板条间缝隙以 8～10mm 为宜(图 2-2)。

平整光滑的混凝土表面可不抹灰,用刮腻子处理,如须抹灰时可先凿毛或刷一道纯水泥浆以增加粘结力。水泥砂浆面层不得涂抹在石灰砂浆层上,底层应用水泥砂浆以保证结合良好。砖石、混凝土等基层表面的灰尘、污垢和油渍等应清除干净,并洒水湿润。加气混凝土表面抹灰前应清扫干净,并刷一遍聚乙烯醇缩甲醛流水溶液,随即抹灰。木结构与砖石结构、混凝土结构等相接处基层表面的抹灰,应先铺钉金属网,并绷紧牢固。金属网与各基层的搭接宽度不应小于 100mm,以防抹灰层因基层材料不同,吸水和收缩性能不同而产生裂缝。室内墙面、柱面的阳角和门窗口侧壁的阳角,宜用 1:2 水泥砂浆做扩角,每侧宽度不小于 50mm(图 2-3)。

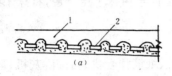

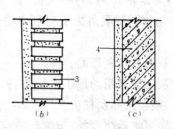

图 2-2　不同基层的处理

(a)板条顶棚;(b)砖墙砌成凹缝;(c)混凝土墙面打毛

1—灰板条顶棚木基层;2—板条;3—砖基层;4—混凝土基层

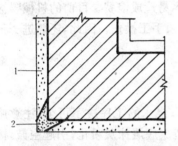

图 2-3　墙、柱阳角护角抹灰

1—1:3石灰浆;2—1:2水泥砂浆

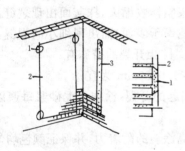

图 2-4　抹灰操作中的标志和冲筋

(a)抹灰操作中的标志和标筋;(b)标志的剖面

1—标志;2—引线;3—标筋

2.一般抹灰的工序

抹灰施工的发展方向是机械化和工业化,但目前我国手工操作仍占主要地位。抹灰的种类虽是多种多样,但在施工操作中有它们的共同性。

(1)做标志(做灰饼)。标志就是根据砖墙砌筑平整程度找出抹灰的规矩,以保证抹灰层的垂直平整。做法是先用托线板检查砖墙平整垂直程度,大致决定抹灰厚度,最薄处一般不少于7mm,再在2m左右的高度,离两边阴角100～200mm处各做一个标志,大小为50mm见方,厚度以墙面平直度决定,一般在10～15mm之间(见图2-4)。然后根据这两个标志和托线板做下面两个标志。高低位置在踢脚线上口,厚薄以托线板所挂铅垂线为准。再用钉子钉在两边标志的两头墙缝里,小线拴在钉子上拉横线,线离开标志1mm。根据小线所在位置做中间的标志,出进与两端标志一样,间距1.2～1.5m为宜,不宜太宽,否则抹时费劲。

(2)做标筋(冲筋)。做标筋(图2-4)就是在两个标志之间先抹出一长灰梗来,其宽度为100mm左右,其厚度与标志相平,作为抹底子灰填平的标准。做法是先把墙面浇水润湿之后在上下两个标志中间先抹一层,再抹第二遍凸出成八字形,比标志凸出5～10mm。然后用木杠两端紧贴标志左上右下搓动,直至把标筋搓得与标志一平为止。

(3)装档、刮杠、搓平。此道工序即是根据已找出的规矩,大面积抹底子灰。做法是先在两筋中间墙上薄薄抹一遍,由上往下抹,接着再抹第二遍,然后用短木杠靠在两边冲筋上,由下往上刮平。刮完一块后,用木抹子搓平。抹完后应检查底子灰是否平整,阴阳角是否方正。

(4)做面层(罩面)。中级抹灰用石灰膏罩面,根据各地习惯和材料来源可用纸筋灰或麻刀灰罩面。罩面时须待底子灰5～6成干后进行。底子灰如过于干燥先浇水润湿。抹罩面灰的抹子一般用铁抹子和塑料抹子。具体做法是由阴、阳角开始。最好两人同时操作,一人竖着（或横着）薄薄刮一遍，另一人横（或竖）抹找平。两遍总厚度纸筋灰约 2mm，麻刀灰约 3mm。阴阳角分别用阴角抹子和阳角抹子捋光，墙面再用抹子压一遍，将抹子纹压平、压光墙面。

高级抹灰用石膏灰罩面。

一般抹灰工程常用的施工机械有：砂浆拌合机、纸筋拌合机、粉碎淋灰机、运送抹灰砂浆用的灰浆泵、喷浆机和刮杠机。

机械喷涂可将砂浆搅拌、运输和喷涂三道工序有机地衔接起来。灰浆泵吸入拌合好的砂浆，经过管道送至喷枪，灰浆经压缩空气的作用从喷枪口喷涂于墙面上。因为机械喷射力强，砂浆与墙面的粘结强度高，工作效率高。一台 HP031 型灰浆泵车年，其垂直运输距离达 40m，水平输送距离约 150m，每台班可输送灰浆 24m³，假如抹灰层平均厚度 25mm，每台班可喷涂 1000m³ 左右。但机械喷涂落地灰多，清理用工多容易造成浪费。目前的机械喷涂只适用于底层和中层，而喷涂后的找平、搓毛、罩面等工序仍须手工操作。因此，还要进一步改进，以实现抹灰工程的全面机械化。

3. 一般抹灰操作注意事项

空鼓、开裂、花脸是一般抹灰常出现的问题。

空鼓主要是各层次之间粘接不牢所致，因此表面清理、浇水的工序决不可少（注意施工工序的第一条）。也有材料因素，如石灰膏熟化不够，往往造成底层抹灰粉化，引起空鼓，抹灰所用的石灰膏在常温下，熟化时间一般应不少于 15d，使用时不得含有未熟化的颗粒和其他杂质。

造成开裂的主要原因是砂浆中胶结材料（如水泥、石灰膏）的比例太大、骨料（砂子）的粒径小造成的，胶结材料易于收缩，当骨料间隙率大时，砂浆整体收缩大，抹灰面出现裂缝，铁抹压完表面也会因局部材料比例失调（压光时灰浆过多地聚于表面）而出现细小的裂缝，当然也有其他原因，如基层湿度、操作技术和环境温湿度等。防止开裂的措施有：

（1）保证砂浆有恰当的比例，保证灰浆的粒径以不小于 0.25mm 为宜；

（2）减小一次抹灰厚度，防止砂浆一次收缩太大而引起的开裂，涂抹水泥砂浆每遍以 5～7mm 为宜；石灰砂浆和混合砂浆每遍宜为 7～9mm；

（3）尽量采用搓毛的饰面做法，以防止细小龟裂，提高涂料的附着力，并保证颜色均匀。

花脸产生的主要原因是水泥水化过程中产生的氢氧化钙不均匀析出造成的。基层材料，基层的干湿程度、施工操作情况的影响，使氢氧化钙析出表面的程度不同，形成花脸，防治措施有：

（1）施工孔需要在抹灰前堵死，表面凸凹过大的地方也应先以砂浆找平；

（2）基层浇水时应浇透、均匀；

（3）保证抹灰表面平整。

（三）一般抹灰的质量要求

1. 一般抹灰面的外观质量

一般抹灰面层的外观质量，应符合下列规定：

（1）普遍抹灰。表面光滑、洁净、接槎平整。

（2）中级抹灰。表面光滑、洁净、接槎平整，灰线清晰顺直。

（3）高级抹灰。表面光滑、洁净、颜色均匀、无抹纹，灰线平直方正，清晰美观。

2.一般抹灰工程质量的允许偏差

应符合表 2-2 的规定。

一般抹灰质量的允许偏差 表 2-2

项 次	项 目	允许偏差（mm）			检 验 方 法
		普通抹灰	中级抹灰	高级抹灰	
1	表面平整	5	4	2	用2m直尺和楔形塞尺检查
2	阴、阳角垂直	—	4	2	
3	主面垂直	—	5	3	用2m托线板和尺检查
4	阴，阳角方正	—	4	2	用200mm方尺检查

注：1. 外墙一般抹灰，主面总高设的垂直偏差应符合《砖石工程施工及验收规范》GBJ 203—83、《混凝土结构工程施工及验收规范》（GB 50204—92）和《装配式大板居住建筑结构设计与施工规程》（JGJ 1—91）的有关规定。

2. 中级抹灰，本表第4项阴角方正可不检查。

3. 顶棚抹灰，本表第1项表面平整可不检查，但应顺平。

二、装饰抹灰

装饰抹灰面根据材料和施工不同有水磨石、水刷石、斩假石、干粘石、假面砖、拉毛灰、洒毛灰、喷砂、喷涂、滚涂、弹涂、仿石和彩色抹灰等。

装饰抹灰的种类很多，只是面层的做法不同，底层的做法基本相同，均用厚度为 15mm 的 1：3 水泥砂浆打底，底层是做好装饰抹灰的基础，施工时应拉线做标志设置标筋，并用大刮尺将水泥砂浆刮平，用靠尺和垂球随时检查误差，以保证棱角方正，线条和面层横平竖直。装配式混凝土外墙板，其外墙面和接缝不平处以及缺楞掉角处，用水泥砂浆修补后可直接进行喷涂、滚涂、弹涂。

（一）装饰抹灰的分类

1.水磨石

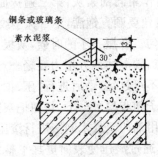

图 2-5 嵌分格条示意图

水磨石的施工过程是待 1：3 水泥砂浆打底的中层砂浆终凝后，按设计要求进行弹线嵌条（美术水磨石用铜条，普通水磨石用铝条或玻璃条），如图 2-5 所示，嵌条用素水泥浆在两侧抹成八字形镶嵌牢固。分格条对缝应严密，表面要平，不能有高低起伏、弯扭现象，个别节点的高差要磨平。分格条镶嵌后经过适当的养护，再刷素水泥浆一道，即可进行摊浆。用比例适当的水泥石子浆（根据石子大小配合比为 1：2～1：1.25），并稍高 1～2mm，面层石子浆铺设后，在表面均匀摊一层石子，拍实，压平，并用滚筒滚压，待表面出浆后，再用抹子抹平，即开始养护。

开磨时间应以石子不松动为准，开磨前宜先经选择的石子试磨。一般开磨时间视气温、水泥品种和标号等因素而定，当气温在 15～20℃时，约隔 3d 左右。磨光由粗到细，一般要磨光 3～4 遍甚至更多，然后还要酸洗、打蜡。

第一遍用粗金刚石(60～80号)磨光,边磨边浇水,要磨匀、磨平,磨出全部分格条。若开磨时间较晚石子面层过硬时,可在磨盘下撒少量过窗纱的砂子助磨。磨后要将泥浆冲洗干净,稍干后随即涂擦一道同色水泥浆,用以填补砂眼,个别掉落石子部位要补好,然后养护2～3d。第二遍磨光用稍细的金刚石(100～150号),磨的方法同前。磨好后冲洗干净,稍干,即进行第二次上浆补砂眼,养护2～3d。第三遍磨光用细金刚石(180～200号)磨至表面石子粒显露,平整光滑,无砂眼细孔,然后冲洗干净,洒草酸水(热水:草酸=1:0.35,质量比,溶化冷却后用)一遍,用细磨石或油石(180～240号)研磨,磨至出浆表面光滑,再用清水将草酸水洗净,待面层干燥发白,抹上一层薄薄的地蜡,干后用磨布扎在磨石机上进行打磨,到光亮为止。

2. 水刷石

水刷石一般用在外墙装饰上,效果较好,但因于操作费工、劳动繁重、技术要求高,已逐渐被其他装饰工艺所代替。

水刷石的施工过程是用1:3水泥砂浆打底后,按设计要求弹线,随后将底层湿润,薄刮水泥浆一层,随后用稠度为50～70mm,配合比当用大8厘石子时为1:1、中8厘时为1:1.25、小8厘时为1:1.5进行罩面,拍平压实,使石子密实,均匀一致。待其达到一定强度后,用手按压无陷痕印时,即可用棕刷蘸水刷去面层水泥浆,使石子全部外露,紧接着用喷雾器自上往下喷水,将表面水泥浆冲掉,冲洗干净。水刷石表面如因水泥凝固洗刷困难时,可用5%的稀盐酸溶液洗刷,然后仍用清水冲干净,以免发黄。水刷石在施工时应采取有防止沾污墙面的措施。

3. 干粘石

干粘石是从水刷石演变而来的一种饰面新工艺,外观效果可与水刷石相比。施工操作比水刷石简单,工效高,造价低,对一般要求装饰的建筑可以推广采用。房屋底层不宜采用干粘石。

在作好1:36水泥砂浆的底层上,按设计要求进行分格条的安设。粘结层砂浆的配合比为水泥100kg,中砂40kg,107胶夏季为8kg,春秋季为10kg,冬季为12kg。抹粘结层砂浆时,宜分两遍成活,第一遍先在基层上表薄薄地刮一遍,其作用同刮素灰;第二遍抹面层,其厚度为石子粒径的80%。抹灰厚度要均匀,表面要平整,棱角要顺直饱满,不带抹子纹。撒石子用的工具,可用专用撒石板或灰板代替。石子应干燥均匀。在撒石子的时候,灰板上的石子不可过多,要一板紧挨一板地撒,较干的地方用力大一点,较湿的地方用力要轻一点。普遍撒好一遍后,个别地方石子密度不够,可轻轻的补撒,用力不可过猛。最后进行"压、拍、滚"工艺。"压"就用铁抹子在撒好的石面上轻轻地压一遍,把石子初步稳平一下,切勿把灰浆挤出来;"拍"的作用是把石子拍平,将石子拍进灰浆里;"滚"是用油印滚或木制滚进行滚压,主要作用是消除由于拍可能出现的抹子印,用力要轻、要均匀,通过滚压使表面更加平整、光滑。在操作过程中要注意石子的回收工作。干粘石容易积灰,在北方风沙较大地区不易采用。

4. 斩假石(剁斧石)

斩假石,又称剁斧石,是由水泥、石料和颜料拌制石子浆,抹在建筑物或构件表面,待其凝固达到一定强度后,用斩斧、凿子特工具斩凿出平行条纹,露出天然石料,给人以天然石料的庄重、典雅、大方的印象,酷似天然石料,故称斩假石。

在作好的底层上按设计要求贴上分格条,薄薄地抹上一层掺有107胶的素水泥浆,随即抹上约 11mm 厚的罩面层,罩面层配合比为 1：1.25(水泥石子、石子内掺 30% 的石屑)。罩面时分两遍进行,先薄薄地抹一层,稍收水后再抹一层,使与分格条齐平、并用刮尺赶平,待收水后再用木抹子打磨压实。然后用毛刷蘸水顺剁纹方向轻刷一次。此时要防止日晒或冰冻。待罩面层的强度达 60%～70%(试剁时石子不脱落)则可进行剁斧操作。剁斧石面层的剁纹应深浅均匀并顺一个方向剁,在墙角、柱子的边楞处,宜横剁山边条或留 15～20mm 的窄小边条不剁。一般剁两遍即以做出似用石料砌成的墙面。

斩假石造价高、工效低、推广应用有一定的局限性。其革新作法称"拉假石",即在罩面层达到一定的强度时,用锯齿形拉耙依着靠尺按同一方向由上往下或不按同一方向,进行拉耙,经拉耙处理后的墙面拉纹效果可与斩假石相似,但工效提高。

5. 拉毛灰、洒毛灰

拉毛灰也是一种传统的装饰工艺,内外墙面都可以采用,由于拉毛灰容易积灰尘,目前外墙抹灰用的不多,有音响要求的礼堂等采用拉毛灰作吸声墙面及装饰墙面。

拉毛灰的做法是将底层用水湿透,抹上 1：0.05～0.3：0.5～1 水泥石灰罩面砂浆,随即用硬棕刷或铁抹子进行拉毛。棕刷拉毛时,是用刷蘸砂浆往上连续垂直拍拉;铁抹子拉毛时,则不蘸砂浆,只用抹子粘结在墙面随即拉回,拉出水泥浆成山峰形。

洒毛灰是用茅草扫帚蘸 1：1 水泥砂浆或 1：1：4 水泥石灰砂浆,由上往下洒在湿润的底层上,洒出的云朵须错乱多变;大小相称、空隙均匀。亦可在未干的底层上刷上颜色,再均匀地洒上罩面灰,并用抹子轻轻压平,使其部分地露出带色的底子灰,使洒出云具有浮动感。

6. 拉条灰

拉条灰是用专有模具把面层砂浆做出竖线条的装饰抹灰做法,它具有美观大方、吸声效果好、成本低的特点。尤其是用于公共建筑门厅等部位。

拉条灰的线条形状可根据设计确定,一般分为细线条、半圆形、波纹形、梯形、长方形等,所用模具为厚 20mm、宽 70mm、长 500～600mm 的松木板,按设计要求锯成一定的凹凸形,外包镀锌铁皮,其中一端锯一缺口,拉条时沿导轨木条行走,以保证线条垂直(图 2-6)。

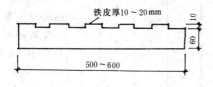
铁皮厚10～20mm

图 2-6 拉条灰抹灰用模具示意

该做法的操作工艺是在 1：3 水泥砂浆底灰上按墙面尺寸弹线,划分竖格,确定拉模宽度,将导轨木条垂直平整地粘贴在底灰上,浇水湿润底灰后抹水泥：砂子：细纸筋灰＝1：2.5：0.5 的面层纸筋混合砂浆,(可适当加一些 107 胶)用模具从上到下拉出线条。为使罩面层光滑、密实,还可在混合砂浆面层抹一薄层 1：0.5 水泥佃纸筋灰膏,再拉线条。拉出线条后取下木条。

7. 假面砖

假面砖是掺氧化铁黄、氧化铁红等颜料的水泥砂浆通过手工操作达到模拟面砖装饰效果的饰面做法,这种工艺造价低,操作简单,美观大方,装饰效果较好,特别适用于壁板外墙饰面。

此项做法的常用面层砂浆配合比为水泥：石灰膏：氧化铁黄：氧化铁红：砂子＝100：20：6～8：1.2：150(质量比)。

操作时分三道工序流水作业,先在底灰上抹厚度3mm的1∶1水泥砂浆底层,接着抹厚度3～4mm的面层砂浆,先用铁梳子顺着靠尺由上向下划纹,然后按面砖宽度用铁钩子沿靠板横向划沟,其深度3～4mm露出底层砂浆即可。

(二)装饰抹灰的质量要求

1.装饰抹灰的外观质量

(1)水刷石——石粒清晰,分布均匀,紧密平整。色泽一致,不得有掉粒和接槎痕迹;

(2)水磨石——表面应平整、光滑,石子显露均匀,不得有砂眼、磨纹和漏磨,分格条应位置准确,全部露出;

(3)斩假石——剁纹均匀顺直,深浅一致,不得有漏剁处。阳角处横剁和留出不剁的边条,应宽窄一致,楞角不得有损坏;

(4)干粘石——石粒粘贴牢固,分布均匀,颜色一致,不露浆,不露粘,阳角处不得有明显的黑边;

(5)假面砖——表面应平整,沟纹清晰,留缝整齐。色泽均匀,不得有掉角、脱皮、起砂等缺陷;

(6)拉条灰——拉条清晰顺直,深浅一致,表面光滑洁净;

(7)拉毛灰、洒毛灰——花纹、斑点分布均匀,不显接槎。

2.装饰抹灰工程的允许偏差

允许偏差应等合表2-3的规定。

装饰抹灰质量的允许偏差 表2-3

项次	项　目	允　许　偏　差										检验方法用
		水刷石	水磨石	斩假石	干粘石	假面砖	拉条灰	拉毛灰	洒毛灰	喷砂	仿假石彩色抹灰	
1	表面平整	3	2	3	5	4	4	4	4	5	3	用2m直尺和楔形塞尺检查用2m托线板和尺检查用200mm方尺检查,拉5m线检查,不足5m拉通线检查
2	阴、阳角垂直	4	2	3	4	—	4	4	4	4	3	
3	主石垂直	5	3	4	5	4	5	5	5	4	3	
4	阴、阳角方正	3	2	3	4	4	4	4	4	3	3	
5	墙裙上口平直	3	2	3	—	—	3	3	3	3	3	
6	分格缝平直	3	2	3	3	3	—	—	—	3	3	

注:外墙面装饰抹灰,主面总高度的垂直偏差见表2-2注(1)。

三、特殊抹灰

(一)特殊抹灰的含义

特殊抹灰又叫聚合物水泥砂浆抹灰,即在普通砂浆中掺入适量的有机聚合物,以改善原来材料方面的某些不足。我国目前能用于聚合物水泥砂浆的有机聚合物有聚乙烯醇缩甲醛胶(即107胶)、聚醋酸乙烯乳液等,其中以掺107胶的聚合物水泥砂浆价格最低、性能较好,应用较广泛。

在水泥砂浆中掺入107胶的作用主要是:提高饰面层与基层的粘结强度,减少或防止饰面层开裂、粉化、脱落现象；改善砂浆的和易性，减轻砂浆的沉淀、离折现象；砂浆早期受冻时不开裂，而且后期强度仍能增长此处还能降低石浆容重、减慢吸水速度。

掺入 107 的缺点是：一是会使砂浆强度降低；其次由于其缓凝作用析出氢氧化钙，容易引起颜色不匀，尤其是低温施工则更容易产生析白现象。

（二）特殊抹灰的分类

特殊抹灰按照施工工艺不同分为喷涂、滚涂、弹涂三种。

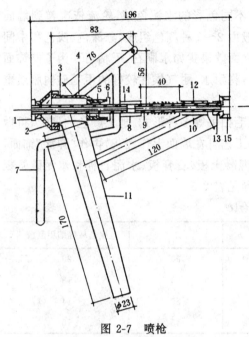

图 2-7　喷枪

1—喷嘴；2—喷头；3—控头；4—搬机支撑；5—盘根套；
6—盘根套；7—搬机；8—挡箍；9—弹簧；10—斜撑；
11—进料管；12—套筒；13—进气管；
14—出气管；15—气阀接头

1. 喷涂

喷涂饰面是在已做好的底层上，先喷刷 1：3 的 107 胶水溶液粘结层一道，再用压缩空气（用砂浆泵和喷枪或喷斗）将聚合物水泥砂浆喷涂于墙面上形成饰面层（约 3～4mm 厚，分三遍成活）。从质感分有表面灰浆饱满，呈波纹状的波面喷涂和表面布满点状颗粒的粒状喷涂。所用喷枪见图 2-7。

聚合物砂浆如用白水泥掺入少量着色颜料或借助于骨料的颜色形成浅色饰面，则装饰效果较好。普通水泥喷涂颜色灰暗，装饰效果较差，所以应掺入石灰膏以改善其装饰效果。聚合物砂浆掺的聚合物目前人们用的较多的仍是 107 胶。木质素磺酸钙是减水剂，有分散作用，能降低吸水率，提高粘结强度、抗压强度，耐污染性能，而且能有效的克服颜色不匀的现象。掺入预先用硫酸铝溶液中和至 pH 值为 8 的甲基硅酸钠可以显著提高饰面层的耐久性和耐污染性能。喷涂砂浆配合比和砂浆稠度见表 2-4。

喷涂砂浆配合比　　　　　　　　　表 2-4

水泥	颜料	细骨料	甲基硅酸钠	木质素磺酸钙	聚乙烯醇缩甲醛胶	石灰膏	砂浆稠度(cm)
100	适量	200	4～6	0.3	10～15		13～14
100	适量	400	4～6	0.3	20	100	13～14
100	适量	200			10		10～11
100	适量	400	4～6	0.3	20	100	10～11

2. 滚涂

滚涂饰面是将带颜色的聚合物水泥砂浆均匀涂抹在底层上，形成 3mm 厚色浆饰面层，随即用平面或带有拉毛、刻有花纹的橡胶，泡沫塑料滚子，滚出所需的图案和花纹。待面层干燥后，喷涂有机硅水溶液。滚涂还是手工操作，工效比喷涂低，但操作简便，滚涂不会污染墙面及门窗，有利于小面积局部应用。

滚涂做法的材料配合比为水泥∶骨料＝1∶0.5～1。骨料除石屑、砂子外也有采用泡沫珍珠岩的。另外还掺入20％的水泥、107胶、0.3％木质素磺酸钙。

滚涂操作分干滚和湿滚两种方式。干滚即滚涂时滚子不沾水,滚出的花纹较大,工效较高;湿滚即滚时滚子反复均匀沾水,滚出的花纹较小,操作时间比较充裕,如花纹不匀,能及时修补,但湿滚工效较低。可根据基层情况和花纹质感选择。

3.弹涂

彩色"弹涂"饰面是用手动或电动弹力器,将不同色彩的水泥色浆,轮流依次弹到墙面上,形成1～3mm左右的圆状色点。由于色浆一般由2～3种颜色组成,分深色、浅色和中间色,这些色点在墙上相互交错,互相衬托,其直观立面效果犹如水刷石、干粘石。为了使饰面不褪色,保持其耐久性及耐污染性,待色点干燥后,将耐水、耐气候性较好的甲基硅树脂或聚乙烯醇缩丁醛等材料喷在面层上作保护层。

"弹涂"的表面可做成单色光面、细麻面、小拉毛拍平等多种形式。加上颜色的调配,可做成许多不同质感美观的外墙饰面。实践证明这种工艺可在墙面上作底灰,再作"弹涂"饰面,也可以直接弹涂在基底较平整的混凝土板、加气混凝土板、石膏板、水泥石棉和水泥砂浆板等材料上,都粘结得十分牢固。弹涂砂浆配合比参见表2-5。

弹涂砂浆配合比 表 2-5

项　　　目	水　　　泥	颜　　料	水	聚乙稀醇缩甲醛胶
色浆	普通硅酸盐水泥100	适量	90	20
色浆	白水泥100	适量	80	13
花点	普通硅酸盐水泥100	适量	55	14
花点	白水泥100	适量	45	10

喷涂、滚涂、弹涂是外墙装饰新工艺,经过多年的实践,应用较为普遍。具有机械化程度高、进度快、工艺先进、造价低、装饰效果好的特点。因此,在一般民用住宅和工业建筑中有推广价值。它们的不足之处是容易被污染,故在临街建筑物和污染严重的工业区不宜采用。

第二节　外墙饰面板工程

一、饰面板的分类

饰面工程是指将块料面层镶贴在基层上,块料面层的种类很多,常用的有预制水磨石、大理石、瓷砖、陶瓷锦砖、面砖、缸砖、水泥砖、木板以及花饰等项。预制水磨石、大理石、瓷砖、陶瓷锦砖和木板大部分用在装修标准比较高的室内的墙面和地面;面砖一般用于装修标准比较高的室外墙面;缸砖、水泥砖一般用于地面或上人屋顶的面层;室外的花饰常是预制水刷石、预制斩假石或预制水泥制品;室内的花饰常是预制石膏制品,此外在需要耐酸处理的房间常采用镶贴耐酸陶瓷制品。

二、饰面板的安装

(一)预制水磨石、大理石、花岗石安装

预制水磨石、大理石、花岗石安装在墙面上,有时我们把这些材料总称为饰面板。饰面板安装工艺流程如下：

墙面处理→弹线和绑轧钢筋网→饰面板修边打眼→穿丝→饰面板安装→灌浆→清洗、打蜡。

首先应将基层表面清扫干净并浇水湿润，对于表面光滑平整的基层应进行凿毛处理，然后检查墙面平整度和垂直度，如凹凸过大事先应进行找平。固定饰面板用的钢筋网，采用 φ6 双向钢筋网，依据弹好的控制线与基本的预埋件绑牢或焊牢，钢筋网竖向钢筋间距不大于 50cm，横向钢筋与块材连接孔网的位置一致，预埋铁件在结构施工时埋设。

饰面板安装前，应对饰面板进行修边打眼。当板宽在 500mm 以内时，每块板的上、下边打眼数量均不得少于两个，如超过 500mm，应不少于三个。打眼的位置应与基层上的钢筋网的横向钢筋的位置相适应，一般在板材断面上由背面算起 2/3 处，用笔画好钻孔位置，相应的背面也画出钻孔位置，距边沿不小于 3cm，然后钻孔，使竖孔、横孔相连通，钻孔直径以能满足穿线即可，严禁过大，见图 2-8 和图 2-9。

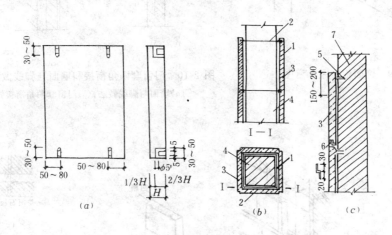

图 2-8　饰面板安装

(a)大理石钻孔与凿沟；(b)柱面安装贴大理石；(c)砖墙安装饰面板

1—饰面板；2—箍筋 φ6；3—砂浆；4—钢筋混凝土柱；5—带有 20 号铜丝木楔；6—N 形 8 号镀锌铅丝；7—砖墙

面板安装前先将饰面板背面、侧面清洗干净并阴干，找好水平线和垂直线并进行预排，然后在最下一层两端用饰面板找平找直，拉下横线再从中间或一端开始安装。安装饰面板时，先用镀锌铅丝或铜丝穿入饰面板上、下边的孔眼并与结构表面的钢筋网绑扎固定，随时用托线板靠直靠平，保证板与板交接处四角平整。有关节点固定作法见图 2-10 和图 2-11。饰面板与基层间的缝隙(即灌浆厚度)，一般为 20～50mm，在拉线找方，挂直找规矩时，要注意处理好与其他工种的关系，门窗、贴脸、抹灰等厚度都应考虑留出饰面板的灌浆厚度。

饰面板的缝宽一般按设计要求在安装后灌注砂浆时，应先在竖缝内填塞 15～20mm 深的麻丝以防漏浆，上下口用石膏临时固定，待砂浆硬化后，将填缝材料清除。光面、镜面和水磨石饰面板的竖缝，可用石膏灰封闭。安装好的饰面板必要时可用支撑架临时固定。

在第一层饰面板安装固定完毕经检查合格后，用 1:1～1:1.5 的水泥砂浆进行灌浆，第一层灌浆高度为 15cm，并随即用竹片棉捣密实，待其初凝后，检查饰面板有无移动，再进

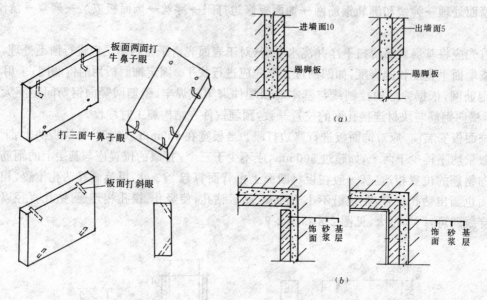

图 2-9　饰面板打眼示意图

图 2-10　门窗套阳角衔接和墙面与脚线做法示意图

(a)墙面与脚线做法；(b)门窗套阴角衔接做法

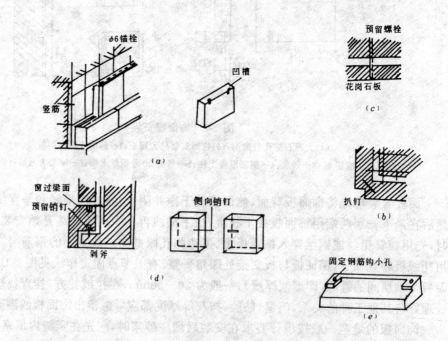

图 2-11　花岗石安装连接示意图

行第二次灌浆，灌浆高度宜 15～20mm，最后一次灌浆在板上口留出 5～10cm，以利与上一层饰面板结合。然后将上口临时固定的石膏剔掉清理干净缝隙，再安装第二层饰面板，这样依次由下往上安装、固定和灌浆。采用线色的大理石饰面块材时，灌浆应用白水泥和白石渣。

饰面板安装的接缝要求及接缝宽度与镶贴的饰面板的规定一样,并按镶贴饰面板的做法进行清洗打蜡。

(二)饰面砖的镶贴

面砖是当今现代建筑中使用比较广泛的一种装饰材料。其中根据材料的加工工艺的不同可分为釉面砖、无光(亚光)面砖和毛面砖三种。

面砖的镶贴一般分为选砖、基层处理、设置标筋、抹底灰、弹线分格预排、镶贴面砖、勾缝等工序。

面砖的选择应色泽一致、平整、硬度高和吸水率低为原则。

面砖镶贴时应先在基层表面按图弹出水平和垂直方向的控制线,进行横竖预排砖,以使接缝均匀,在同一墙面上的横竖排列均不得有一行以下的非整砖,如遇非整砖时,应安排在阴角和接地部位。在使用时,将已挑选、分类的饰面砖,先放入水中浸泡 2～3h,取出晾干后镶贴。

镶贴饰面砖时,先按弹线做出标志,控制镶贴厚度和表面平整度。在接地部位安放好水平垫尺,先贴靠地一皮砖,并镶好主角,吊正后,拉好水平线,按由下而上先左后右的顺序逐块镶贴。砖的背面要满刮 1:2 水泥砂浆,厚度为 6～10mm,镶贴用的水泥砂浆,可掺入不大于水泥重 15% 的石灰膏,以改善砂浆的和易性;除此以外还可采用聚合物水泥浆镶贴釉面砖,厚度为 2～3mm,配合比为水泥:107 号胶:水＝10:0.5:2.6。随贴随用橡皮榔头轻轻敲打,使其密实粘牢,并用直尺靠平、找直、砖面平整。如贴水池、镜框时,必须以水池、镜框为中心向两边镶贴。当地面镶贴饰面砖时,先弹出地面互为 90°的中心十字线,做好中心和四周标志砖,拉好横线,由里向外或由中间向四边的次序镶贴,用 1:2.5 水泥砂浆镶贴,厚度为 5mm。饰面砖的接缝,设计无规定时,其宽度为 1～1.5mm 为宜,室外用水泥浆或 1:1 水泥砂浆勾缝,室内用与饰面砖相同颜色的石膏或水泥浆嵌缝(潮湿的房间不得用石膏浆嵌缝),磁砖嵌缝不得嵌平缝,并及时清擦干净。

镶贴饰面砖的部位,如有突出表面的管道、灯具座、卫生设备支架等,应用整砖套割吻合,不得用非整砖拼凑镶贴。室内墙裙或水池上口以及阳角处应用饰面砖配件镶贴。非整砖不得用在正面或明显部位,应用在下层或阴角部位,墙面上所用非整砖不得多于一排,上口必须用整砖镶贴。

(三)锦砖的镶贴

锦砖又称马赛克。根据材料的不同可分陶瓷锦砖和玻璃锦砖两种。

锦砖在镶贴时必须选择同品种、同规格、同色泽,以便保证施工质量和实际效果,它的基层处理与镶贴面砖的基层处理相同。

镶贴时首先检查墙面的平整度和垂直度,找出贴陶瓷锦砖的规矩。如建筑物外墙全部贴陶瓷锦砖,应在房屋四角处用线锤吊通长垂直线,先在首层上、下各贴一个灰饼,依垂直标准,拉水平通线,在角部每隔 1～1.2m 贴一个灰饼。门窗口处也要吊垂直线,拉水平线找方,用与底灰相同的水泥砂浆作灰饼和冲筋。

1.抹底灰的基本工序:

当基层为砖墙时,用 1:3 水泥砂浆抹底灰,基层为混凝土墙面时,用 1:2.5 水泥砂浆掺水泥重 5% 的 107 胶抹底灰。

底灰分两遍成活,第一遍抹得较薄,用抹子压实;第二遍按冲筋抹平,用短木杠刮平,低凹处填平补齐,最后用木抹子搓出麻面,浇水养护。

2.弹线

根据墙面实际尺寸和所选用陶瓷锦砖的实际规格弹线。有分格要求时,先决定缝的位置和宽度,然后弹水平线和垂直线,使两线间符合陶瓷锦砖整张数,非整张都用在不明显部位。

3.贴陶瓷锦砖

镶贴时将底灰表面浇水湿润,先薄薄抹一道素水泥浆(也可用掺水泥重7%~10%的107胶),再抹1:0.3水泥细纸筋灰或1:1.5水泥细以砂浆作粘结层,厚为2~3mm。先将陶瓷锦砖铺在木板上,麻面朝下,洒水湿润,用铁抹刷一层厚为2mm的白水泥浆,缝子里要灌满水泥浆。然后纸面朝外,把陶瓷锦砖镶贴在粘结层上,对齐缝子轻轻拍实,手势要轻,拍击要匀,先拍四周,后拍中部,使其粘结牢固。

如有分格时,在贴完一组后,将分格条放在上口线继续贴第二组,依次镶贴。

铺贴时必须掌握好时间,墙面的粘结层抹好后,随即抹麻面的粘结砂浆,紧跟着往墙上铺贴,不然等砂浆干结收水后再贴,会导致粘结不牢,出现脱落现象。

4.揭纸调缝

用软毛刷蘸水刷陶瓷锦砖纸面使其湿润,根据气温条件揭纸,一般为30min左右。揭纸时要仔细,有顺序地慢慢撕,如有小块陶瓷锦砖随纸带下要重新补上。

揭纸后,认真检查缝隙的大小,如缝隙大小不匀,横竖不平直,必须用开刀拨正调直。拨缝在水泥初凝前进行,先调横缝,后调竖缝,拨缝后用小锤敲击木拍板拍实一遍,以增强与墙面的粘结。

5.擦缝揩净

待粘结水泥浆凝固后,用素水泥浆找补擦缝。方法是用橡皮刮板将水泥浆在陶瓷锦砖上刮一遍,嵌实缝隙,接着加些干水泥(如为浅色陶瓷锦砖,应使用白水泥),进一步找补擦缝,最后取出分格条,用1:1水泥细砂浆把分格缝勾严勾平,再用布擦净。全部擦缝揩净后,次日喷水养护,并加强保护。

三、饰面工程的质量要求

(一)饰面工程的质量要求

(1)饰面工程所用材料的品种、规格、颜色、图案以及镶贴方法应严格符合设计要求;

(2)饰面工程的表面不得有变色、起碱、污点、砂浆流痕和显著的光泽受损处。突出的管线、支承物等部位镶贴的饰面砖,应套割吻合;

(3)饰面板和饰面砖不得有歪斜、翘曲、空鼓、缺楞、掉角、裂缝等缺陷;

(4)镶贴墙裙、门窗贴脸的饰面板、饰面砖,其突出墙面的厚度应一致;

(5)装饰混凝土外墙板表面的质量,应符合下列规定:

颜色应均匀一致,不得有油渍、龟裂、脱皮、铁锈和起砂等;

花纹、线条应清晰、整齐、涂线一致,不显接槎;

表面平整度的允许偏差不得大于4mm(用2m直尺和楔形塞尺检查)。

(二)饰面工程的质量标准和检验方法

饰面工程的质量标准和检验方法见表2-6。

保证项目	项次	项　目			检验方法
	1	饰面板(砖)的品种、规格、颜色和图案必须符合设计要求			观察检查
	2	板(砖)安装(镶贴)必须牢固,无歪斜、缺楞掉角会裂缝等缺陷,以水泥为主要粘结材料时,严禁空鼓			观察检查要用小锤轻击检查

基本项目	项次	项目	等级	质量要求	检验方法
	1	饰面板(砖)表面	合格	表面平整、洁净	观察检查
			优良	表面平整、洁净、色泽协调一致	
	2	饰面板(砖)接缝	合格	接缝填嵌密实、平直、宽窄均匀	
			优良	接缝填嵌密实、平直、宽窄一致、颜色一致,阴阳角处的板(砖)压向正确,非整砖的使用部位适宜	
	3	突出物周围的板(砖)	合格	套割缝隙不超过5mm;墙裙、贴脸等上口平顺	观察和尺量
			优良	用整砖套割吻合、边缘整齐;墙裙、贴脸等上口平顺,突出墙面的高度一致	
	4	滴水线	合格	滴水线顺直	观察检查
			优良	滴水线顺直,流水坡向正确	

允许偏差(mm)

允许偏差项目	项次	项目		天然石						人造石			饰面砖			检验方法
				光面	镜面	粗磨面	麻面	条文面	天然面	人造大理石	水磨石	水刷石	外墙面砖	釉面砖	陶瓷锦砖	
	1	表面平整		1			3		—	1	2	4		2		用2m靠尺和楔形赛尺检查
	2	立面垂直	室内	2			3		—	2	2	4		2		用2m托线板检查
			室外	3			6		—	3	3	4		3		
	3	阳角方正		2			4			2	2	2		2		用方尺和楔形赛尺检查
	4	拉缝平直		2			4	5		2	3	4	3		2	拉5m线检查,不足5m拉通线和尺量检查
	5	墙裙上口平直		2			3	3		2	2	3		2		
	6	接缝高低		0.3			3		—	0.3	0.5	3	室外	1		用直尺和楔形赛尺(或赛尺)检查
													室内	0.5		
	7	接缝宽度偏差		0.5			1	2		0.5	0.5	2		—		尺量检查

注:1. 本表允许偏差项目第7项,系指接缝实际宽度与设计要求之差,设计无要求时,则为与施工规范规定的饰面板(砖)接缝宽度之差。

2. 检查质量同水泥、石灰抹灰面装饰。

29

复习思考题

1. 试述外墙装饰施工方法？
2. 装饰抹灰有哪些类型？各有什么特点？
3. 装饰抹灰的质量如何控制？
4. 外墙饰面板有哪些类型？其施工工序怎样？

第三章 内墙装饰工程

第一节 抹灰类饰面

内墙抹灰的组成与分类与外墙抹灰基本相同,而内墙抹灰的工艺和材料的使用往往比外墙要求高。

一、内墙抹灰工艺

（一）清理基层

（1）将基层表面的浮灰扫净、污垢、油渍等要刮洗干净,以防面层脱落。

（2）检查基层的平整度,凸出部位应凿平,凹穴部位应预先填抹1：3水泥砂浆,光滑的混凝土表面应凿毛或刷107胶—素水泥砂浆(1：1水泥砂浆加10％107胶),加气混凝土表面抹灰前应该扫干净,并刷一遍1：2～3的107胶水溶液,以便面层与基层的粘结牢。

（3）检查门窗柱的位置是否正确,与墙体连接是否牢靠。填堵门窗框与墙间的缝隙及脚手眼、管道孔、板孔等孔洞,孔洞大时宜分层用1：3水泥砂浆填实。

（二）做灰饼

（1）在检查基层表面平整度的基础上,根据墙面的质量及抹灰等级要求确定抹灰厚度。

（2）做灰饼时先从墙体上部开始,灰饼间距以小于刮尺30cm左右为宜,如墙面过长时,可在墙体两上角部位先做,然后以其为标准拉线做中间灰饼。根据墙体上部的灰饼,以托线板来确定墙体下部的灰饼,使其与上部灰饼在同一垂直线上,这样整个墙面即可保持平整。

（3）灰饼大小一般为5cm左右,以打底砂浆或1：3水泥砂浆制作(见图3-1)。

（三）做标筋及护角

（1）在灰饼达到一定强度后,在墙面上浇水湿润,做标筋。标筋是以灰饼为依据,在上下灰饼之间,做成与灰饼同宽,并在同一垂直线上的一条标志抹灰。为保证其与灰饼面平齐,以用刮尺靠于上下灰饼上,将标筋灰慢慢刮平。

（2）一般内墙抹灰砂浆强度较低,因此在阳转角部位与人接触的高度上容易碰损,所以要在1.5m以下的阳转角处,在做标筋的同时,要以1：3的水泥砂浆做护角。

（四）打底灰

在标筋有一定强度后,即可打底灰。将标筋之间的细砂

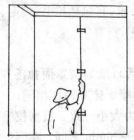

图 3-1 做灰饼操作示意

浆抹于墙上,用靠尺以标筋之基准将砂浆刮平,再用木抹子搓平搓毛,达到表面平整,角部方正。

（五）中层抹灰

待底灰六七成干时,进行中层抹灰,要求与底层基本相同。

（六）罩面灰

在中层抹灰六七成干时即可进行罩面抹灰，如中层抹灰过干应浇水湿润，根据材料和使用要求，常见的罩面抹灰有以下几种：

1. 纸筋、麻刀灰

纸筋、麻刀灰一般抹于石灰砂浆或混合砂浆面上。先用钢抹子将灰浆均匀刮浆于墙面上，然后再赶平、压实，待稍平后，用钢抹子将面层压实、压光。注意掌握好压光时间，过干了石灰膏已有一定硬度时不易压平，并且易出现裂纹，过湿时压光很难消除抹痕。施工时通常两人合作，一人抹灰，一人赶平、压光。抹灰厚度为2mm。

2. 石灰砂浆、混合砂浆罩面

先在墙面上用钢抹子抹砂浆，再用刮尺刮平，然后再进行抹平，石灰砂浆用钢抹子直接抹平即可。混合砂浆在刮尺刮平后，用木抹子先搓平，再用钢抹子进行抹平。

3. 水泥砂浆罩面

墙面多用1:2.5水泥砂浆罩面，踢脚线抹灰一般用1:3水泥砂浆罩面，抹灰方法与石灰砂浆相同，但表面要进行二次压光，压光时机应掌握在砂浆初凝前，以手重按有指印时进行。

4. 石膏罩面

石膏罩面的罩面材料为石膏、石灰膏、灰浆，石灰膏起缓解作用，比例为3:2或1:1。随拌随抹，7～10min用完，20～30min内压光。若用纯石膏刮要求一次拌合灰浆在3～5min内用完。因石膏罩面材料凝结快，要求施工时掌握好施工速度和配合，同一墙面一次抹完，不留接槎。操作时，同一墙面脚手板上下各站二人，同时操作。从墙面左侧开始，先用水湿润底灰，第一人用细抹子将石灰膏由下向上抹，再从上向下刮平，第二人紧跟其后，左手洒水，右手用钢抹子由下而上，再由上向下压抹光，最后稍洒水压光至密实光滑为止。墙面较大时，最好三人作业，即抹平—抹光—压光。

这种抹灰做法，有良好的装饰效果，但质量很难保证，要慎重选用。

5. 装饰抹灰

装饰抹灰与一般抹灰的主要区别在于，抹灰表面进行了装饰性加工，在使用工具和操作方法上都与一般抹灰有一定的差别，比一般抹灰工程有更高的要求。它包括拉毛、扫毛、拉条灰装饰线条抹灰。这种抹灰具有一定的装饰和吸声效果。

（1）拉毛。拉毛有三种基本做法：

1）1:0.5:4水泥石灰砂浆打底，厚度12mm（分三遍成活）；纸筋灰罩面拉毛厚4～20mm。抹罩面灰前，先将底子灰浇水湿润，一人抹纸筋灰，整个墙面抹灰厚度相同；一人紧跟在后面用硬毛棕刷往墙面上垂直拍拉，要求毛刷落点均匀，用力大小一致。根据拉毛长度决定抹灰厚度，小拉毛抹灰薄一些，大拉毛厚一些，一般厚度为4～20mm之间。在同一平面上，操作工序应一次完成，避免接槎。

2）1:0.5:4水泥石灰砂浆打底，厚度为12mm（分二遍成活），刮素水泥浆一遍，1:0.5:1水泥石灰砂浆拉毛（面层用细砂，粒径不大于2mm）。待底子灰六七成干时浇水湿润，刮素水泥浆1～2mm。用麻刷子（最好用白麻缠成，其直径视拉毛大小而定），沾砂浆向墙面上一点一带，使部分砂浆留在墙面上，形成毛疙瘩。毛疙瘩应大小匀称，排列均匀，不要过于呆板或杂乱无章。

3）1：1：6水泥石灰砂浆打底，厚12mm，1：0.5：1水泥石灰砂浆拉毛，厚3～4mm；1：1水泥石灰砂浆或1：0.5：1水泥石灰砂浆刷出条筋，厚2～3mm，喷刷色浆。

a. 底灰及拉毛同做法1），要求拉细毛面。

b. 刷条筋前宜先在墙面上每隔40cm左右弹一道垂直线，以便刷条筋时有依据，做到垂直线一致。

c. 刷条筋用的刷子，可以根据条筋间距和宽窄把棕毛剪成三条，以便一次刷出三道条筋，条筋宽约2cm，间距约3cm。

d. 用刷子蘸水泥石灰浆或水泥石灰砂浆，以垂直线为依据由上向下刮，条筋高出拉毛面2～3mm，仍然形成毛边，注意在刷时保持拉毛面清洁。

e. 待条筋稍干后用铁抹子压一下，干后刷色浆即可。

（2）拉条抹灰。拉条抹灰是用专用模具或嵌条把面层砂浆做出竖线条的一种装饰抹灰方法。它具有明显的竖向线条，良好的装饰效果和音响效果，并具有表面不易积灰的特点，是近些年来大型厅堂内墙常用的抹灰方法。

拉条抹灰应事先准备一拉条线模，线模拉条抹灰的操作工艺如下：

1）底灰为1：3水泥砂浆，用木抹子抹于墙上，并压实抹平。基层清理及抹灰方法同一般抹灰。

2）在抹面层砂浆前，应在底层抹灰上弹垂直线，垂直线宽度用线模长度。沿弹线用素水泥浆粘贴木轨道。木轨道应先浸水，贴上后用靠尺靠平。

3）在底灰浇水湿润后从上到下抹上。用1：2.5：0.5＝水泥砂：细纸筋混合砂浆抹面层，厚度为8～10mm。

4）面层灰抹好后，将长线模两端靠于本轨道上，上下搓压，拉出凹凸一致、棱角分明的两个轨道之间的同一墙面，从上到下应用同一线模，抹灰及拉条时要从上到下分区作业一次完成，以保证线条一致，无接槎。

5）为了使表面更加光滑密实，可在混合砂浆后再抹一层1：0.5水泥细纸筋灰再拉条。或者待拉出混合砂浆线条后，同毛刷将1：0.5水泥细纸筋甩在墙上，继续上下拉动线模，将罩面灰浆压平、压光。

6）刷浆、油漆应待表面完全干燥后进行，按设计中选用材料涂刷，做法见刷浆，油漆可以做白浆，也可做乳胶漆。其颜色由设计定。

（3）扫毛抹灰。扫毛抹灰是用竹丝扫帚，在设计分格细砂浆表面，扫不同方向细密条纹的一种装饰施工方法。在光的作用下，由于每一分块纹理不同，使相同质感的表面取得不同的明暗效果，若表面再刷涂料则装饰效果更好。

扫毛抹灰的工艺如下：

1）清扫表面，抹底灰同一般抹灰。抹15mm厚1：1：6混合砂浆，表面用木抹子搓毛。

2）在底灰上弹线放样，按设计分格分为方形或长方形，每个分格尺寸不宜过大，先测出墙面的高宽尺寸，以水平尺和垂直线找出垂直线和水平线，以此为基准向外按一定尺寸弹线。如发现分格不均，应及时调整。

3）嵌分格条，沿弹线用素水泥浆贴分格条，分格条高度就是面层抹灰厚度。贴分格条方法同一般抹灰。嵌条厚为6mm、宽15mm。

4）抹罩面灰，分格条粘贴好后，抹1：1：6水泥石灰混合砂浆面层抹上的砂浆，先用刮尺刮一下,然后用木抹子搓平。抹灰面同分格条平。

5)扫毛,待面层砂浆吸水后,用竹丝扫帚将罩面扫出条纹。一般做法是条纹相互垂直。

6)起分格条,扫好条纹后即可做此工序。

7)刷面漆,待面层完全干燥后,须进行表面清理,用竹丝扫帚扫去表面浮灰,按选定颜色刷涂料或乳胶漆。

二、抹灰施工注意事项

(1)注意处理好基层,墙面浇水湿透。

(2)砂浆稠度要根据不同面层的具体情况确定,不能太干或太湿。

(3)同一墙面应统一弹线,不能抹一段弹一段。同一墙面最好一次装饰完。弹分格条一定要在弹线以后经检查合格后再粘。

(4)浇水应均匀,以防止同度灰吸水不同造成表面颜色不同。

(5)墙面刷浆或油漆应使用同一种材料,以使墙面颜色的一致性。

第二节 贴面类饰面

内墙贴面包括:釉面瓷砖、陶瓷锦砖、大理石、花岗石、人造石板等。

一、瓷砖

瓷砖是用瓷土或优质陶土烧成的材料,具有表面光滑、美观、吸水率低、易清洗、耐腐蚀等特点,因此,常用于室内需经常擦洗的墙面,如实验室、厨房、厕所、浴室、盥洗室等。

(一)瓷砖施工工序

1.抹底灰

底灰一般为1:3水泥砂浆,厚7~12mm,抹灰前应清理基层,对凹凸不平的墙面应凿平或预补,然后浇水湿润表面,再行抹灰。刮平、搓粗、养护1~2天后,方可镶贴面层。混凝土墙面应用烧碱或洗涤剂将隔离剂清洗掉,并用清水冲净,再用1:1水泥砂浆加107胶水溶液(30%胶+70%水)拌合甩成小拉毛,2天后再抹底灰。

2.拌结合层

在底灰上抹1:1.5水泥砂浆结合层,作为底灰和粘贴砂浆间的过渡,其搓平后即可用粉线弹分格线。

3.弹线、拉线

(1)弹竖线。在确定表面平整度满足要求后,用墨斗弹出竖线,沿竖线按瓷砖宽度尺寸加1mm在墙面两侧镶贴竖向定位瓷砖,厚5~7mm,以此为各皮瓷砖的镶贴基准。定位瓷砖的底也要与水平线吻合。

(2)弹水平线。在距地面一定高度处弹水平线(此高度视瓷砖排列情况而定,但不宜小于50mm,以便放置托板),使托板顶面与水平线吻合。

(3)挂平整线。在两侧竖向定位瓷砖带上,镶贴时分层挂平整线,它即可保证每一层瓷砖在一水平线上,又可利用它控制整个墙面平整度。

(4)设托板。以弹线为依据设置支撑瓷砖的木托板,以防止瓷砖在水泥浆未硬化前下坠。木托板表面应加工平整,其顶面与水平线相平,第一行瓷砖就在木托板面上镶贴。

(5)镶贴。镶贴用1:1水泥砂浆或纯水泥浆。在瓷砖背面满抹灰浆,四边刮成斜面,左手持抹有灰浆的瓷砖,以线为标志贴于未初凝的结合层上,就位后用灰匙手柄轻轻敲击面砖,使其粘牢平整,每贴几块后,要检查平整度和缝隙,阴阳角处可用阴阳角条,也可用整块瓷砖对缝,阳角对缝瓷砖需沿边沿切45°角。镶贴时面向左侧,由下向上逐行粘贴。

(6)勾缝。面砖镶贴好后,扫去表面灰并用竹签划缝,用布、丝棉擦洗表面,再用同面砖颜色的水泥浆擦缝。待全部工程完成,嵌缝材料硬化后,视不同污染程度,同丝棉、砂纸或稀盐酸洗净,并用清水冲刷干净。

(二)施工注意事项

(1)根据材料选用、施工部位和质量要求不同,施工方法和程序略有差别,应注意其区别,见表3-1。

瓷砖表面施工作法　　　　　　　　　　　　　　　　　　表 3-1

分类	分　层　做　法	厚度 (mm)	特　　　点
墙面	1.1:3水泥砂浆打底,找平拉毛 2.1:0.3:3(水泥:石灰膏:砂)或1:2水泥砂浆粘结层 3.镶贴釉面砖	7 7~10	传统做法,工效低,技术要求高,属湿做法,可用敲击靠尺找平
	1.1:3水泥砂浆打底,表面平整 2.10:0.5:2.5(水泥:107胶:水),107胶水泥砂浆粘结层 3.镶贴釉面砖	12 2~3	可以在粘结砂浆中不掺砂子,粘结层薄,便于操作,技术要求低,工效高,但对底层抹灰要求高,属干做法,每贴一块用手压,贴完一皮再用橡皮锤轻敲即可
墙面油墙	1.1:3水泥砂浆打底,找毛 2.1:1.5水泥砂浆 3.素水泥砂浆掺5%~10%107胶 4.镶贴釉面砖	7~10 5~7 2~3	增加结合层作为过渡,有找平和粘结作用,介于上两种做法之间
	1.1:5水泥砂浆找平 2.1:1水泥砂浆粘结层 3.镶贴釉面砖	15 5	传统做法
	1.1:3水泥砂浆打底,找平刮毛 2.1:1.5~1.2水泥砂浆粘结层 3.镶贴釉面砖	7 7~10	粘结层必须用水泥砂浆

(2)材料进入工地后,要开箱检查、挑选,去掉不合质量标准的瓷砖,然后按不用要求分别堆放。施工中需要半砖等异形砖,可自行切割。方法是:将瓷砖面朝下放在案板上,以木尺压住切线部位,用切刀用力划切,越深越好,然后将有切痕的面砖,切线对案板边线,一侧用木尺压住,另一手持砖向下拗即可。切口不平或尺寸大可在磨石上磨平。

(3)镶贴前要将瓷砖放在水中浸透,墙面要浇水,以防干瓷砖粘贴在基层上而吸水过快,造成粘结差而脱落。

(4)镶贴前要算好纵横皮数和块数,划出皮数杆,进行预排(见图3-2)。

装饰要求高的房间,分格预排瓷砖十分重要,它要求房间内与墙面有关的门窗洞口及管线等要求符合瓷砖模数,因此要有房间面砖分配详图,按图施工,其要求是:

1) 门窗符合面砖模数。

2) 管线应在瓷砖十字缝或中心。

3) 设备高宽也应符合瓷砖模数(见图3-3)。

(5) 若整块和配件瓷砖不能刚好满铺墙面时,上下左右的调整原则是:

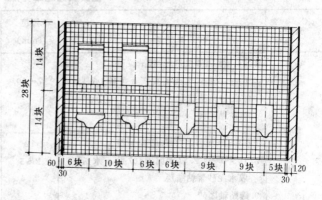

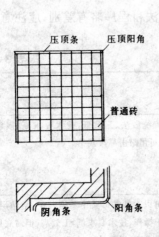

图3-2 瓷砖排列示意图

图3-3 瓷砖排列示意图

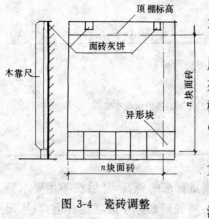

图3-4 瓷砖调整

1) 横向将分格余数用缝隙(1~1.5mm)或在阴角处加大于半砖的异形砖调整。

2) 竖向顶棚铺砖可在下部调整,异形砖留在最下一层,轻形吊顶铺砖可伸入天棚,一般为25mm,如竖向排列余数不大要半砖时,则在下边铺半砖,多余部分伸入顶棚,竖向排列小余数可用调缝或增加地面厚度适当调整(见图3-4)。

(6) 施工中如发现有镶贴不密实的瓷砖,必须取下重贴,不得在砖口处塞灰,防止空鼓。

(7) 施工随时擦去砖缝中挤出的灰浆,以免给最后清理造成麻烦。

(8) 厕所、浴室内的肥皂盒、手洞应预先剔出来,浴盆、水池、镜箱等应预先安装就位后才能贴瓷砖。

(9) 油槽镶贴要点:

1) 拟镶贴瓷砖的混凝土油槽不得有渗水破裂现象。

2) 镶贴前,应按设计找出油槽的规格尺寸和校核方正情况。

3) 在油槽与墙面衔接处,需待油槽镶贴完毕后,再镶贴油槽周边墙上的瓷砖。

4) 砖加条应在同一方向,里外缝必须相一致。

（三）瓷砖施工质量标准

（1）镶贴瓷砖必须按弹线和标志进行，表面应平整，不显示接槎，接缝平直，密度一致。

（2）装饰表面不得有起碱、污点、砂浆流痕和显著的光泽受损，突出的管线、支承物等部位镶贴瓷砖，应套割吻合。

（3）饰面砖不得有歪斜、翘曲、空鼓、缺楞、掉角、裂缝等缺陷。

（4）镶贴墙裙、门窗贴脸的瓷砖，其突出墙面厚度应一致。

二、大理石及其他石材

大理石是指变质岩或沉积的碳酸为盐类的岩石。大理石一般都含有杂质，而且其中碳酸盐在大气中易受二氧化碳、硫化物和水气的侵蚀而产生风化、溶蚀，使表面失去光泽，因此大理石多用于室内。在建筑中常用的大理石是经过加工而成表面光滑的板材，其表面显露出美丽的色彩和花纹。因而多用于重要装饰和高级的建筑，以及建筑的重要部位。其施工做法同室外。

因大理石取材不易，造价昂贵，近年来，对于天然大理石的加工向薄型发展，改原来20mm的板材为10mm以下，并且研制生产了人造饰面板材，如人造大理石，人造花岗岩等，其厚度为 8～15mm。

花岗石也是一种天然石材，它与大理石相比硬度高、质强，但造价更贵。花岗石一般用于高档次建筑的门厅、外墙的局部。

根据大理石、花岗石产品的规格不同可分为小规格和大规格两种。

小规格一般厚度在 8～15mm，边长小于 40cm，并分为平板和背面开槽两种。边长大于40cm 者称之为大规格。由于材料规格不同，其施工方法也不同。

（一）小规格石材素水泥浆粘贴

这是一种最常用和最简单的施工方法。其施工工序如下：

1. 选材

按照设计确定的墙面或柱面尺寸，合理选择所用板材尺寸，其原则是：

（1）尽量减少规格种类；

（2）所选择的规格既能满足设计意图，又使在墙面上排列不产生余数，或尽量减少在施工中的切割；

（3）材质好，粘贴中固性有保证；

（4）色泽清晰、质感强。

2. 清理基层、抹底灰

清理基层和抹底灰为一般抹灰方法基本相同。要求表面平整，找出规矩，抹灰厚度为12mm，1∶3 水泥砂浆，表面划毛。

3. 按开料规格弹线

弹线前检查底灰表面平整度，按粘贴部位找准水平与垂直线，以其为基准弹出不同规格板材分格。应注意把缝隙尺寸考虑到分格内。

4. 待底层达六七成干时

将已经湿润的拍板背面抹上 2～3mm 厚素水泥浆，贴于墙面上用橡皮锤或灰匙木柄轻轻敲击找平。粘贴定要按弹线进行，弹线的依据为开料图。注意区别板材的种类和规格。粘贴顺序为自下而上，先从底边二角开始。粘贴大面积墙面具体方法参照瓷砖粘贴方法。踢脚部位应最后进行,注意与地面接触部分留足地面面层尺寸。

（二）树脂胶粘结法

树脂胶粘结法是使用环氧树脂等多种高分子合成材料组成基材,再添加各种配料组合成的胶粘合剂,将饰面石材粘贴于水泥砂浆基层上的一种装饰方法。其施工工序如下:

1.清理基层表面,抹底灰

在混凝土平整表面上可直接粘贴,砖砌体操作方法要求同一般抹灰。因为是在底灰上直接粘贴饰面材料,粘结剂厚度较小,要求底灰平整度高,按照《装饰工程施工及验收规范》JGJ73—91 要求,各部位允许尺寸偏差均应在 2mm 以内。

2.弹线

抹底灰后,贴面施工前仍需进行偏差量检查,根据设计要求,进行弹线作业。弹线方法同（一）。

3.沥青材料和工具准备

（1）认定胶粘剂的性能,要求胶粘剂具有粘结强度高、耐水、耐候、使用方便,并且数量充足。

（2）逐块检查石材规格、编号等,甩掉不合格板材,按施工顺序排放。

（3）检查工具是否完备和合理,要根据施工具体部位选择相应工具。

4.粘结

先将胶粘剂抹在板材背面上,其用量和涂抹部位应按板材受力情况而定,一般要求胶量饱满,涂抹均匀,厚度在 2～3mm。抹胶后,手持板材,按弹线将板材贴到底灰上就位、压实,粘贴数块后,进行板材调整,找平、找直,清除挤出缝外的胶粘剂。

5.固定

胶粘剂没固化前,板材易滑动、变形、倾覆、脱落,因此粘贴并调整好板材后应马上进行固定,贴于垂直面上的板材,应使用木板、木方将其卡住或顶住（见图 3-5）。贴于水平面底面上的托板,要用木板、木方托住。

6.拆除固定工具,清理表面

胶粘剂固化后（视不同胶粘剂掌握时间,以拆除固定工具后不变形、不脱落为准）,拆除固定工具。此时检查板面清洁程度和板缝胶粘剂是否饱满,不足处重新填胶,多余处及时剔除,脏污处抹净。

（三）螺栓固定法

螺栓固定法是用螺栓将石板材固定于墙面或预埋件上的固定石材方法。虽不常用,但也是一种省工省力的装饰方法（见图 3-6）。

其施工工序如下:

1.设置预埋件

在砖墙或混凝土墙上预埋木砖或铁件,以便与螺栓连接,也可不用埋件,直接用射钉枪将螺钉射入墙中。埋件要位置准确,与板的规格相适应,与墙体连接可靠。若埋入木砖,则木砖表面应在同一垂线和水平线上。

2.墙面分格

弹垂直方向分格线,在墙体两侧立标尺杆,按板的规格标出分格,并确定厚度及平整度,在标尺杆上挂水平线,其作用同瓷砖粘贴。

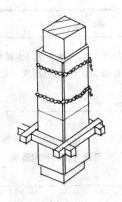

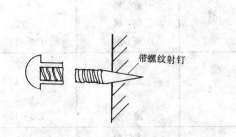

带螺纹射钉

图 3-5　粘贴固定方法　　　　　　　图 3-6　螺栓固定法

3. 板面钻孔

在石板材的四角,距边线一定的距离上用电钻钻透孔,孔径大于螺栓直径 2～3mm。

4. 立板及固定

按标志线将板立于墙面上,立板先自下开始,立好后在孔洞处用射钉枪、铁锤将螺钉钉于墙面或埋件上(螺栓则须拧在埋件上),然后拧上螺钉钉帽,钉帽上加橡皮垫圈,钉帽拧的松或紧以标志线为准。

5. 灌砂浆

水平方向一层板立好并初步固定后,墙面浇水湿润,在板后灌 1：3 水泥砂浆,随灌随捣实,距板上口 50mm 处停止。

6. 调整板

灌浆后,板可能出现不平整,再用靠尺靠平检验平整度,拧紧或松动螺帽调整。固定好一行后再立上一行板材,按此方法装好整个墙面。

7. 擦缝

以此种方法安装的板材,板缝为密缝,最后以与板同色水泥浆擦缝,并进行表面清理,用湿布擦掉表面浮灰。

第三节　内墙涂料饰面

建筑内墙涂料有一般刷浆涂料、油漆和有机高分子涂料,如:溶性涂料、水乳型涂料、溶剂型涂料。从施工方法上看,都不外乎用刷、喷、弹涂等装饰在墙面上,但因其材料特性的限制,对于基层处理、施工环境、材料调制方法等有不同要求。

一、刷浆

刷浆(又称大白浆)所用材料有大白粉、可赛银、干墙粉、银粉子等。在施工中常见的是大白粉和可赛银。

1. 材料组成

大白粉、各种胶结料、清水颜料、刷浆前,上面几种材料也按适当比例进行调配。配比及方法见表 3-2。

大白浆调配比及方法 表 3-2

序 号	材 料	重(kg)	调 配 方 法
1	大白粉 面 粉 烧 碱 清 水	100 2.5 1 150～180	面粉0.25kg加水3kg,火碱60g用水稀释成火碱液,兑入面粉水中,再加5kg清水,然后按一定比例兑入大白粉浆料中
2	大白粉 龙须菜 皮 胶 清 水	100 3～4 1～2 150～180	将龙须菜浸水4～8h,清除杂物,放入锅中加热搅成糊状,过滤后冷却即可做为胶料和润滑剂
3	大白粉 聚醋酸乙烯乳液 六偏磷酸钠 羧甲基纤维素	100 8～12 0.05～0.5 0.2～0.1	羧甲基纤维素要先用60～80倍水浸泡8～12h,完全溶解才能兑入大白浆中
4	聚乙烯醇 大白粉 羧甲基纤维素	0.5～1 100 0.1	将聚乙烯醇放入水中加温溶解后倒入浆料中拌匀,再加入羧甲基纤维素即可

2. 施工工序

(1) 清扫墙面。用棕刷扫净浮灰,除去油渍污垢等,用清水冲洗干净,待吸水挥发后,方可涂刷。

(2) 修补墙面。若墙面上有裂缝、孔洞、小麻面等,可用大白粉腻子局部刮平,要求高的可满刮腻子,用砂纸磨平磨光。

(3) 第一遍刷浆。刷浆时要掌握好浆料的稠度。刷涂时,稠度小些,喷涂时稠度大些,刷浆和喷浆均为从上到下一次做完。

(4) 复补腻子,第一次刷浆后还要复补腻子刮平磨光,方法同上。

(5) 第二遍、第三遍刷浆。第二遍和第三遍刷浆要掌握好间隔时间,墙面过湿时进行下一遍刷浆易造成流坠。

3. 施工注意事项

(1) 刷浆时要求基层干燥,室温均衡。

(2) 色彩和材料应符合设计要求。加入的颜料要有较好的耐碱性、耐光性,以免因碱蚀光作用产生变色、咬色。从披腻子开始就可加颜色,以保证颜色一致、均匀。各种材料要在确认符合要求后方可使用。

(3) 刷浆用浆料要按配比配制,稠度以不流坠、不显刷纹为宜。腻子应坚实牢固,不得起皮、裂缝。

(4) 喷、刷、涂都要按次序进行。刷浆完工后要加以保护,防止损伤和尘土污染。

4. 质量标准

材料色彩应符合设计要求,不得有掉粉、起皮、漏刷、透底现象;尽量减少反碱、咬色、流坠现象,颜色应均匀,表面无砂眼。

因刷浆等级不同,质量要求略有差别,具体要求见《建筑装饰工程施工及验收规范》JGJ

73—91。

二、油漆

油漆是指能在空气中干结成膜的有机涂料。它包括油脂漆类、天然树脂漆类、酚醛树脂漆类、醇酸树脂漆类和硝基漆类,以及用于金属镀膜的丙烯酸类等。油漆由粘结剂、颜料稀释剂和辅助材料组成,各种油漆成分不同,功能不同,但它们所起的主要作用是以其干结的膜作为饰面并保护被罩物。

油漆种类很多,用于墙面上的油漆,要结合基层具体情况配套选用。室内墙面可以为混凝土、抹灰和木质墙板。

1. 油漆的基本组成

油漆,根据设计选用油漆和腻子、稀释剂、颜料和其他辅助材料配制而成,腻子是油漆工程不可缺少的材料,主要用于括平。根据表面材料再选择合适的腻子(表3-3)。

2. 施工工序

(1)混凝土表面和抹灰表面涂刷油漆主要工序见表3-4。

(2)木料表面涂刷混色油漆主要工序见表3-5。

(3)木料表面涂刷清漆的主要工序见表3-6。

腻 子 种 类　　　　　　　　　　　　表 3-3

项　次	种　　　　类	配　　　　　比
1	木料表面的石膏腻子	石膏粉∶熟桐油∶水=20∶7∶50
2	木料表面清漆的润水粉	大白粉∶骨胶∶土黄或其他颜料∶水=14∶1∶1∶18
3	木料表面清漆的润油粉	大白粉∶松香水∶熟桐油=4∶8∶1
4	金属表面的腻子	石膏粉∶熟桐油∶油性腻子或醇酸腻子∶底漆∶水=20∶5∶10∶7∶45
5	混凝土表面、抹灰表面的乳酸腻子	乳胶1 滑石粉或大白粉52% 羧甲基纤维素溶液3.5

混凝土表面和抹灰表面涂刷油漆的主要工序　　　　　　表 3-4

项　　次	工 序 名 称	中级油漆	高级油漆
1	清扫	+	+
2	填补缝隙、磨石纸	+	+
3	第一遍满刮腻子	+	+
4	磨光	+	+
5	第二遍满刮腻子		+
6	磨光		+
7	干性油打底	+	+
8	第一遍油漆	+	+
9	复补腻子	+	+
10	磨光	+	+

项　　次	工　序　名　称	中级油漆	高级油漆
11	第二遍油漆	+	+
12	磨光	+	+
13	第三遍油漆	+	+
14	磨光		+
15	第四遍油漆		+

注：1. 表中"+"号表示应进行的工序。

　　2. 如涂刷乳胶漆,在第一遍满刮腻子前,应刷一遍乳胶水溶液。

　　3. 第一遍满刮腻子前,如加刷干性油时,应用油性腻子涂抹。

木料表面涂刷混色油漆的主要工序　　　　　　表 3-5

项　　次	工　序　名　称	普通油漆	中级油漆	高级油漆
1	清扫、起钉子、除油污等	+	+	+
2	铲去脂囊、修补平整	+	+	+
3	磨砂纸	+	+	+
4	节疤处点漆片	+	+	+
5	干油或带色干性油打底	+	+	+
6	局部刮腻子磨光	+	+	+
7	腻子处涂干性油	+		
8	第一遍满刮腻子		+	+
9	磨光		+	+
10	第二遍满刮腻子			+
11	磨光			+
12	刷底漆			+
13	第一遍油漆	+	+	+
14	复补腻子	+	+	+
15	磨光	+	+	+
16	湿布擦净		+	+
17	第二遍油漆	+	+	+
18	磨光(高级油漆用水砂纸)		+	+
19	湿布擦净		+	+
20	第三遍油漆		+	+

注：1. 表中"+"号表示应进行的工序。

　　2. 高级油漆做磨退时,宜用醇酸磁漆涂刷,并根据漆膜厚度增加1～2遍油漆和磨退、打砂蜡、打油蜡、擦亮的工序。

项 次	工 序 名 称	中级油漆	高级油漆
1	清扫、起钉子、除油污等	＋	＋
2	磨砂纸	＋	＋
3	润粉	＋	＋
4	磨砂纸	＋	＋
5	第一遍满刮腻子	＋	＋
6	磨光	＋	＋
7	第二遍满刮腻子		＋
8	磨光		＋
9	刷油色	＋	＋
10	第一遍油漆	＋	＋
11	拼色	＋	＋
12	复补腻子	＋	＋
13	磨光	＋	＋
14	第二遍油漆	＋	＋
15	磨光	＋	＋
16	第三遍油漆	＋	＋
17	磨水砂纸		＋
18	第四遍油漆		＋
19	磨光		＋
20	第五遍油漆		＋
21	磨退		＋
22	打砂蜡		＋
23	打油蜡		＋
24	擦亮		＋

注：表中"＋"号表示应进行的工序。

3.油漆施工工序

(1) 刮抹腻子。用刮腻子板把调好的腻子刮于墙上，刷一道油漆后再填补腻子。由工序表中我们可以看出刮腻子对油漆质量的重要性、调入所需颜料成糊状，用棉纱醮糊状物涂于木质表面上，干后扫去浮粉。刮抹腻子的目的是填补孔洞、找平、有孔洞缝隙处要压实、刮皮。

(2) 磨光。磨光在墙面油漆工程中也占很大比重，一次油漆做法甚至有四五次磨光过程，因磨光目的不同所用砂纸也不相同，在表面初次打磨时一般用粗砂纸，最后磨光一般用水砂纸。因此要求磨光表面时要打磨光滑，不能磨穿油底，也不可磨损棱角。

(3) 涂漆方法有刷涂、滚涂、喷涂。

1) 刷涂：是用人工以各种刷子涂抹油漆的一种简单施工方法，工具简单，施工不受限制，但涂刷效果与技术熟练程度有极大关系，一般刷涂工程易于掌握，高级涂刷要求熟练工人操作。

2) 滚涂：用羊毛或多孔吸附材料制成辊子，先在平盘上滚以漆液，再以轻微压力，便可涂于被涂物面上。此法很适于室内建筑墙面涂漆工程，无流挂现象，但需要用刷涂补刷边角。

3）喷涂：利用喷枪做工具,以压缩空气气流携带漆料微粒沉积到被涂物面上。

4. 施工注意事项

(1) 墙面油漆应在地面工程、水暖电气安装工程完工后进行,一般油漆工程施工时环境温度不宜低于10℃,相对湿度不宜大于60%。

(2) 油漆涂刷时,基层表面应有充分干燥,木基层含水率应控制在12%,抹灰表面应不大于6%。

(3) 每遍油漆施工时,应待前一遍油漆干燥后进行,涂刷最后一遍油漆时,不得随意加入催干剂。

(4) 木基层涂刷油漆时,均应做到横平竖直、纵横交错,均匀一致。涂刷顺序为先上后下,先内后外,先浅色后深色,按木纹方向理平理直。

(5) 抹灰基层涂刷油漆,其基层应有充分干燥,表面凹凸不平之处应用油腻子抹平磨光。

(6) 涂刷混色油漆,一般不少于四遍。

(7) 当木基层涂刷清色油漆时,在操作上应注意色调均匀,拼色相互一致,表面不得显露疤痕。

(8) 有打蜡磨光要求的工程,应当将砂蜡打匀,擦油蜡时要薄而匀、赶光一致。

5. 安全防护

(1) 施工现场应有良好的通风条件,如在通风条件不好的场地施工,必须安置通风设备,方能施工。

(2) 在刷涂或喷涂时对人体有害的涂料或清漆时,需戴上防毒口罩,如对眼睛有害,需戴上密闭式防护眼镜。

(3) 在喷涂硝基漆或其他挥发性、易燃性溶剂稀释的涂料时,不准使用明火。

(4) 涂刷大面积场地时,室内施工照明和电气设备必须按防爆等级规定进行安装。

(5) 操作人员在施工时感觉头痛、心悸或恶心时,应立即离开工作地点,到通风处呼吸新鲜空气,如仍不舒畅,应去保健站治疗。

三、内墙涂料

内墙涂料品种繁多,与外墙涂料一样,可分为有机涂料和无机涂料,我们以下要叙述的主要是有机高分子涂料中有代表性的几种。内墙有机涂料的分类,选用方法同外墙涂料。

(一)聚乙烯醇水玻璃内墙涂料(106内墙涂料)

这是一种生产和应用面较少的内墙涂料,它是以醇解度97%的聚乙烯醇树的脂水溶液为3.0以上的钠水玻璃为基料,混合一定量的填充料、颜料及少量表面活性剂,经砂磨或三辊磨辗磨而成的水溶性涂料。

这种涂料具有不掉粉,粘结力强,表面光洁,干燥快,可以擦洗,价格低,施工方便等优点,并能配成各种颜色,有一定装饰效果,是一种介于大白色浆和油漆之间的良好涂料。

1. 施工工序

(1) 墙面基层整理:将墙面上的浮灰,杂物等清理干净,墙面找平、填缝,局部用腻子刮平。然后用腻子满刮墙面,用砂纸磨平。

(2) 第一遍刷涂:待墙面基层清理后,即可进行第一遍刷涂,刷涂的顺序为由上到下,要刷涂均匀,不漏刷,厚薄均匀。

（3）第二遍刷涂：第一遍刷涂干燥后，墙表面所有明显麻面、需复补腻子，再进行第二遍刷涂，方法同第一遍。

2.操作注意事项

（1）涂刷基层若有旧涂层时，要清除掉，否则会导致起皮、剥落现象。

（2）涂刷前要搅拌涂料，使之色新，稠度适宜，若发现涂料变稠，切勿用水稀释，而应以本涂料的基料稀释，或用水浴加热。

（3）要求腻子与墙面粘结可靠，尤其是潮湿房间，可适当增加腻子中的胶用量。

（4）盛涂料的容器要能耐碱，并无其他溶剂沾污，以防容器被锈蚀及涂料出现油缩等弊病。

（5）质量标准同大白粉刷浆。

（二）乳胶漆类

乳胶漆是将合成树脂细微粒分散于水中构成乳液，以乳液为基料加适量的填充料，颜料及其他辅料研磨而成的涂料。

乳胶漆以水为分散介质，不用油脂和有机溶剂，安全无毒，施工方便，干燥迅速，装饰性好，耐水、耐碱、耐洗刷，也可象油漆一样做成各种凸凹涂层，是一种应用较广泛的较为理想的内墙涂料。现以 8301-5 常温交联型苯丙内墙乳胶漆为例介绍刷涂方法。

1.乳胶漆施工工序

（1）清理墙面：将墙面上的浮灰，杂质清理干净，墙面满刮腻子，填平磨光。

（2）刷底漆：用 8301 某丙羧基乳液与水混合（按乳液：水＝1.5：2）后，均匀刷涂一道，用以封底抗碱。

（3）涂面漆：面漆可用刷、喷、辊等方法装饰于墙面，常涂两道，第一道干后再涂第二道。

2.操作注意事项

（1）乳胶漆应涂刷于含水率不大于10％的基体上，墙面不宜过干，因太干燥或吸水性强会影响涂刷。

（2）基层表面要求平整、清洁、坚实，要用高强腻子刮平，腻子刮抹不宜过厚，出现翻皮的腻子应铲除干净，重新刮抹。

（3）乳胶漆中不得加入催干剂。乳胶漆使用前应搅拌均匀，可用自来水调稀，经稀释后应按材料性能在规定时间内用完。

（4）独立墙面每遍应用同一批乳胶漆，并一次完成。

（5）涂漆工具用毕后，立即用水洗净，若洗不净可用含氨的洗涤剂溶液洗净。

（三）其他乳胶漆

乳胶漆的种类很多，大量生产和应用的主要有聚醋酸乙烯乳液、丙烯酸乳液为粘结剂和主要成膜物的乳胶漆，因此在施工中因涂料品种不同，做法略有差异，即使用一品种也会因基层不同，选择的施工方式不同，致使操作方法和程序的变化。下面再介绍一种喷涂各色丙烯酸有光凹凸乳胶漆的方法。

1.施工工序

（1）基层处理：基层表面必须坚实平整，无酥松、脱皮、粉尘、浮土、油迹、施工前要清洗干净，表面若有孔洞、小麻面，必须用腻子填平，可用有光乳胶漆加适量的粉料调成腻子，不能用强度低的原料做腻子，以防涂膜起皮脱落。

(2) 喷涂凹凸乳胶底漆：用单斗喷枪、喷头口径为 6~8mm，喷涂压力为 0.4~0.8MPa。喷涂涂料的粘度应根据空气湿度调整，喷涂时喷枪与饰面成 90°角，操作方法参见外饰面喷涂。

(3) 喷涂各色丙烯酸有光乳胶漆：在温湿度条件相同的条件下 8h 后，可用 1 号喷枪，喷枪压力调至 0.3~0.5MPa 进行喷涂，喷涂要均匀，不宜过厚，一般喷二道成活。

2. 操作注意事项

(1) 基层要求是水泥砂浆，混合砂浆抹面、混凝土预制板、水泥石棉板等。

(2) 基层含水率应在 10% 以下，含碱 pH 值 7~10 之间，否则会影响涂漆质量，出现色泽不均匀，甚至脱皮。

(3) 产品贮存温度应在摄氏 0° 以上，施工温度要求基层面达摄氏 5° 以上，施工前应将漆料搅拌均匀，加水调匀稠度。

(4) 每道喷涂应在前一道喷涂干后进行，喷涂后不得有起皮漏喷、脱落、流坠等现象。

第四节　内墙卷材饰面

一、壁纸

(一)壁纸的分类

壁纸，也称墙纸，是目前用于室内墙面中高级装饰的理想材料。它色彩、质感多样，可仿各种材料的纹理以及各花纹图案，并且耐用，易清洗，有极好的装饰效果，我国在 70 年代后开始大量应用。壁纸的种类和规格很多，装饰及使用功能也各不相同，按其使用材料可分为如下几类：

(1) 纸面纸基壁纸：这是最早使用的壁纸，有良好的透气性，价格便宜，但其不耐水，不能清洗，易断裂，因此现已很少使用。

(2) 纤维织物壁纸：玻璃纤维、丝、羊毛棉麻等纤维织成壁纸。这种壁纸本身强度好，质感柔和、高雅，能形成良好的环境气氛。

(3) 无纺贴墙布：用麻、涤两种，均为无纺成型、树脂涂装、花纹印刷等工艺加工成。其特点是：质挺、弹性好、细洁光滑，有良好的防潮透气性能、便于粘贴。

(4) 塑料壁纸：以聚氯乙烯塑料薄膜为面层，以塑料壁纸的专用纸为基层，在纸上涂布或压一层塑料，经印刷、压花、发泡等工序加工而成。有普通壁纸、发泡壁纸、等种壁纸。塑料壁纸的适用和使用范围最广，美观大方、强度好、表面不吸水，可以擦洗，施工方便。

(5) 金属壁纸：是一种印花、压花、涂金属粉等工序加工而成，有富丽堂皇之感。由于造价高，一般用于高级建筑中。

(二)壁纸施工工序

1. 基层处理

(1) 清理基层：裱糊壁纸的基层必须有一定的强度、平整度和一定的含水率，如水泥砂浆、混合砂浆、纸筋灰、石膏板等预制板材。若为抹灰表面，应无松散、起皮、脱落现象，墙面干燥，含水率小于 5%。施工前应用油漆批刀铲净墙面附着灰、粗砂粒等，并扫净浮灰。表面有孔洞应用原砂浆预先填平，对于小麻面、裂缝等，可有腻子找平，干后用砂纸磨平。对于木板基层，则要求接缝严密，板缝之间应用乳状填缝剂填平，钉头应埋入板中，并涂防锈漆或用镀锌制品。然后用腻子满刮墙面,干后用砂纸打平。

（2）刷底油：为了防止基层吸水太快,引起胶结剂脱水过快而影响壁纸粘结效果,同时它还起着封闭基层,加强平整度的作用,底油要满涂墙面,按顺序涂抹均匀,不宜涂抹过厚,谨防产生流淌。

2.弹线

在底油干后,即可进行弹线。

弹线的目的是为了裱贴做依据,保证壁纸边线水平或垂直,也可保证裁剪尺寸准确。一般在墙转角处,门窗洞口处均应有弹线,便于摺角贴边。如果从墙角开始裱贴,弹垂直线应在距墙角上壁纸宽度窄 50mm 处。

3.测量与裁剪

（1）在了解房间基本尺寸的基础上,按房间大小及壁纸门幅决定拼缝部位、尺寸及条数。

（2）按墙顶到墙脚的高度在壁纸上量好尺寸后,两端各需留 50mm,以备修剪之用。

（3）有图案花纹连贯衔接要求的壁纸,最好先裱糊一片,经过仔细对比再裁第二片以保证对接无误。

（4）接缝的好坏直接影响到壁纸的效果,裁剪时要考虑壁纸接缝方法,较薄的壁纸可采用叠接缝、对缝两种方法,无论哪种接缝方法,都应使接缝不易有被看到为佳。

4.涂刷胶结剂

（1）墙上涂刷胶结剂一遍,厚薄要均匀,刷深宽度超过壁纸宽度 20～30mm。

（2）准备上墙的墙纸,没有底胶的要先在水中浸透,然后再刷胶结剂,或刷胶结剂后,静置 10min 后再上墙,其目的是使壁纸充分张开,上墙后壁纸干缩收紧,裱粘后不易产生气泡。

（3）壁纸刷胶结剂,一般在台板上进行,将已裁好的壁纸图案面向下地平铺地台板上,然后分段刷胶结剂。有酸的纸质或塑料壁纸,施工时附一个水槽,槽中盛水,将长度剪好的墙纸浸泡其中,由底部开始,图案面向外,卷成一卷,过 1min 就可以裱上墙壁。

5.裱贴

（1）刷完胶结剂后即可裱贴,裱贴原则是先上后下,先高后低,先细部后大面。先将刷过胶结剂的壁纸适当折叠,有胶面对有胶面,以手握壁纸顶端两角凑进墙面;展开上半截的斩叠部分,延垂直线贴于墙上,然后由中间向外用刷子将上半截敷平,再设法处理下半截。

（2）有背胶的壁纸裱糊时,可将水槽放置踢脚板处,把壁纸从水槽中拉出,直接裱贴于墙上,方向同前述。

（3）墙上的一些特殊部位要认真处理,在转角处,壁纸应有超过转角裱贴,超出长度一般 50mm,不宜在转角处对缝,也不宜在转角处为使用整幅宽壁纸而加大转过部位长度,可将壁纸剪裁适当宽度后再裱贴,如整幅宽壁纸裱贴仅超过转角 100mm 以内,可不必裁剪。继续裱贴下一面墙体时,要重新弹垂线。裱贴时如遇需凸出墙面物体,可拆下的,尽量拆下,裱贴后重新安装,不能拆下的,在裱贴时找出其正位置,在此处将壁纸剪开,剪掉多余部分,再重新裱贴。

（4）修整：全部裱贴完后,要进行修整,割去底部和顶部的多余部分及搭缝处的多余部分。

（三）施工注意事项

（1）对所用材料特性、规格、颜色等必须充分了解，配兑材料一定要按比例，单个房间或单个墙面应该统一花色规格，不得随意更换材料。

（2）严格检查和修整基层，阴阳角必须垂直，表面平整，干湿度适当，抹灰面无松散、粉脱现象，木基层无外露钉头、翘角、脱皮现象。

（3）基层上刮的腻子稠度应适宜，强度和含胶量有保证，不得有翻皮，脱落现象出现时应及时重补，够腻后，对在基层不平粗糙处仍需用砂口纸打磨光滑。

（4）一定要弹垂直或水平线，每粘几张可用线坠和水平尺检查，如出现偏差时应及时纠正。

（5）采用接缝法贴花和饰墙纸时，应先检查墙纸的花饰与纸边是否平行，如不平行，应将斜移的多余纸边裁割平整，然后再裱贴，采用搭缝法时，对有花饰墙纸，可将两张墙纸相用花饰重叠，将花准确后，在拼缝处用钢直尺将重叠处压实，由上而下一刀剪裁割到底，不得使钢尺偏移或多次裁割，将切断的余纸撕掉，然后将拼缝敷平压实。

（6）一定要按照量好的尺寸裁纸，对好接缝，赶压底层胶液不宜推力过大，否则会造成离缝或亏纸。出现离缝和亏纸应进行补救，用同样面色彩相同乳胶漆点描，在亏纸严重处可用相同壁纸补粘或重粘。

（7）裱贴出现气泡应及时用刮板或橡胶滚赶出，推赶方向应水平，不宜斜向重推，以防压偏花饰和造成收缩不匀。底层胶液不宜过多，在刷胶时要掌握好，在刮压壁纸时注意防止胶液污染墙面，出现胶液应及时抹净。因墙面潮气而出现空鼓。可用针刺破壁纸，用医用针注射胶液，重新压实。

（8）对于木基层也可用如下接缝方法（见图3-7）。

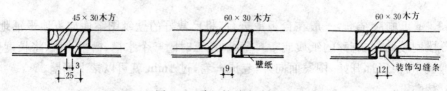

图 3-7　壁纸接缝方法

（9）裱糊玻璃纤维墙布等的方法与上述相同。可直接刷胶裱糊。应注意墙布的遮盖力较差，基层颜色深浅不一时，应在胶结剂中掺入10%白色涂料，如白色乳胶漆等。

（四）壁纸的质量标准

裱糊完的墙面，其花纹、图案应整齐对称，纸面不能有污点、空鼓、气泡、张口、死折，斜视无胶迹、起光，对缝不允许有偏差，不离缝，不叠缝，距离墙面1.5m处看不到接缝，且阴阳角垂直，棱角分明，色泽均匀，富于立体感，表面平整、无波纹起伏。

二、人造革织锦缎墙面

织锦缎这种材料具有高雅、华美的装饰效果，但因其造价高、不易擦洗、易腐蚀、不耐光、不耐磨以及钩练等局限，现已不多使用。但在一些建筑中如健身房、幼儿园、录音室、电话间等一些有吸声要求的以及一些高级建筑中，仍然利用织锦缎或人造革织锦缎柔软、消声、温暖、耐磨的特点，满足使用功能。

织锦缎、人造革墙面分预制板组装和现场组装两种，预制板多用硬质材料做衬底，现装墙面的衬底多为软质材料。

（一）织锦缎施工工序

1.基层处理

（1）埋木砖：在砖墙或混凝土墙中埋入木砖间距400~600mm，视板面划分而定。

（2）抹灰、做防潮层：为防止潮气使面板翘曲、织物发霉，应在砌体上先抹1：3水泥砂浆20mm厚。然后刷底子油做一毡二油防潮层，做法同抹灰工程、防水工程。

（3）立墙筋：墙筋断面为20~50mm×40~50mm，间距同预埋木砖，墙筋需用铁钉钉于木砖上，并要求找平、找直。

2.面层安装

介绍两种面层安装方法：

（1）五夹板外包人造革或矿渣棉做法：

1）将450mm见方的五夹板板边用刨子刨平，沿一个方向的两条边刨出斜面。

2）用刨斜边的两边压人造革或织锦缎，压长20~30mm，用铁钉钉于木墙筋上，钉头没入板内。另两侧不压织物钉于墙筋上。

3）将织锦缎或人造革拉紧，使其平铺在五夹板上，边缘织物贴于下一条墙筋上20~30mm，再以下一块斜边板压此织物和该板上包的织物，一起钉入木墙筋，另一侧不压织物钉牢。以这种方法安装完整个墙面。

（2）织锦缎或人造革包矿渣棉的做法：

1）在木墙筋上钉五夹板，钉头没入板中，板的接缝在墙筋上。

2）以规格尺寸大于纵横向墙筋中距50~80mm的卷材（人造革、织锦缎等），包矿渣棉钉于墙筋上，铺钉方法与（1）基本相同，铺钉后表面看不见钉口。钉口均为暗钉口。

3）在暗钉钉完后，再以电化铝帽头钉钉于每一卷分块的四角（图3-8）。

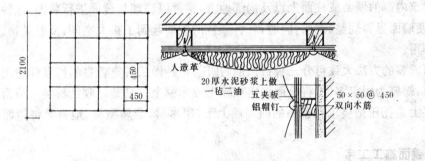

图3-8 人造革墙面

（二）施工注意事项

（1）注意设计要求选用材料和施工。

（2）木墙筋要保持平整，才能保证墙面施工质量。

（3）注意裁卷材面料时，一定要大于墙面分格尺寸。

第五节　板材内墙

板材内墙饰面是高级的内墙装饰做法。它包括胶合板、木板、木条、竹杆、金属板材、塑料板、干抹灰板、钙塑板等。金属板材内墙做法同外墙，其他板材墙的做法基本相同，我们仅介绍胶合板墙。

（一）板材施工工序

（1）按设计要求在墙面上弹板材墙顶高度线、木墙筋中线。将墙筋与预埋木砖钉牢，如无预埋木砖，可用射钉枪射钉将墙筋立于墙面上。

（2）横向墙筋需用通线找平，根部和转角处用方尺找规矩，以木楔调整。

（3）将胶合板好面朝外，按墙筋间距，接触面涂胶钉于墙筋上，钉子钉头打扁，用铁冲子打入板内。

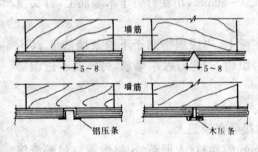

图 3-9

（4）板钉好后，还可在板缝上加木压条，在板顶上做封顶压条，在墙脚处做踢脚板。这些构件也要用铁钉钉在木墙筋上（见图 3-9）。

（5）用砂纸打磨板面，满批腻子，刷混色油漆或清漆。

（二）施工注意事项

（1）为防止板面受潮翘曲，在墙体上要抹1:3水泥砂浆，刷热沥青做防潮处理。

（2）踢脚板可突出或凹入板面，并做通风孔。

第六节　镜　面　安　装

在建筑内部的墙面或柱面上以及局部地方，常常以玻璃和镜面进行装饰。这种材料表面光洁，可使墙面显得规整、清丽，同时，各种颜色的镜面起到了扩大空间、反射景物、创造环境气氛的作用。

镜面安装的方法大致可分三种：钉、贴、托压，每种做法都有各自的特点和适用范围。钉是以铁钉、螺钉为固定零件，将镜面固定在墙上或木框上。贴是以胶结材料将镜面贴在墙上或木基层上。托压则要求在镜面的四周或上下，用木材、金属型材、塑料等将镜面固定在墙上。

一、镜面施工工序

（一）基层处理

在砌筑墙体时，要在墙体中埋入木砖（若是旧建筑改建，须重新打入木钉），横向与镜面宽度相等，竖向与镜面高度相等，大面积镜面安装还应在横竖向每隔500mm 埋木。墙面要进行抹灰，在抹灰面上烫热沥青或贴油毡，也可将油毡夹于木衬板和玻璃之间，这些做法的主要目的是防止潮气使木衬板变形，防止潮气使水银脱落，镜面失去光泽。

（二）立筋

墙筋为 40mm×40mm 或 50mm×50mm 的小木方，以铁钉钉于木砖上。安装小块镜面多为双向立筋,安装大片镜面可以单向立筋,横竖墙筋的位置与木砖一致。要求立筋横平竖直,以便于衬板和镜面的固定,因此,立筋时也要挂水平垂直线,安装前要检查防潮层是否做好,立筋钉好后要用长靠尺检查平整度。

（三）铺钉衬板

衬板为15mm厚木板或5mm厚胶合板,用小铁钉与墙筋钉接,钉头埋入板内。衬板的尺寸可以大于立筋间距尺寸,这样可以减少剪裁工序,提高施工速度。要求衬板表面无翘曲、起皮现象,表面平整、清洁,板与板之间缝隙应在立筋处。

（四）镜面安装

1. 镜面切割

安装一定尺寸的镜面时,要在大片镜面上切下一部分,切割镜面有在台案上或平整地面上进行,上面铺胶合板或线毯。首先将大片镜面放置于台案或地面上,按设计要求量好尺寸,以靠尺板做依托,用玻璃刀一次从头划到尾,将镜面切割线处移至各案边缘,一端用靠尺将板按住,以手持另一端,迅速向下扳。进行切割和搬运镜面时,操作者应戴手套。

2. 镜面钻孔

以螺钉固定的镜面要钻孔,钻孔的位置一般在墙面的边角处。首先将镜面放在台案或地面上,按钻孔位置量好尺寸,用塑料笔标好钻孔点,或在玻璃上钻一小孔,然后在拟钻孔部位浇水,在电钻上安上合适的钻头,钻头钻孔直径应大于螺钉直径。双手持玻璃钻垂直于玻璃面,开动开关,稍用力下按并轻轻摇动钻头,直至钻透为止。钻孔时要不断往镜面上浇水,要钻透时轻轻用力。

3. 镜面的几种固定方法

（1）螺钉固定:可用 $\phi 3 \sim 5$ 平头或圆头螺钉,透过玻璃上的钻孔钉在墙筋上,对玻璃起固定作用(图 3-10)。

1）安装一般从下向上,由左至右进行,有衬板时,可在衬板上按每块镜面的位置弹线,按弹线安装。

2）将已钻孔的玻璃拿起,放于拟安装部位,在孔中穿入螺钉,套上橡皮垫圈,用螺丝刀将螺钉逐个拧入木筋,注意不要拧得太紧。这样依次安装完毕。

3）全部镜面固定后,用长靠尺靠平,稍高出其他镜面的部位再拧紧,以全部调平为准。

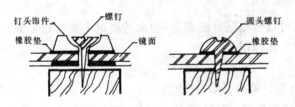

图 3-10　螺钉固定镜面节点

4）将镜面之间的缝隙用玻璃胶嵌缝,用打胶筒将玻璃胶压入缝中,要求密实、饱满、均匀、不污染镜面。

5）最后用软布擦净镜面。

（2）嵌钉固定:嵌钉固定是用嵌钉钉于墙筋上,将镜面玻璃的四个角压紧的固定方法(图 3-11)。

1）在平整的木衬板上先铺一层油毡,油毡两端用木压条临时固定,以保证油毡平整、紧贴于木衬板上。

2）在油毡表面按镜面玻璃分块弹线。

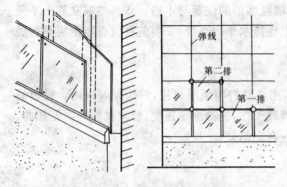

图 3-11　镜面固定示意图

3) 安装时从下向上进行,安装第一排时,嵌钉应临时固定,装好第二排后再拧紧,其他同螺钉固定方法。

(3) 粘贴固定:粘贴固定是将镜面玻璃用环氧树脂、玻璃胶粘贴于木衬板上的固定方法。

1) 首先应检查木衬板的平整度和固定牢靠程度,因为粘贴固定时,镜面的质量是通过木衬板传递的,木衬板不牢靠将导致整个镜面固定不牢。

2) 对木衬板表面进行清理,清除表面污物和浮灰,以增强粘结牢靠程度。

3) 在木衬板上按镜面玻璃分块尺寸弹线。

(4) 刷胶粘贴玻璃:环氧树脂胶应涂刷均匀,不宜过厚,每次刷胶面积不宜过大,随刷随粘贴,并及时将从镜面缝中挤出的胶浆擦净。玻璃胶用打胶筒打点胶。胶点应均匀。粘贴应按弹线分格自下而上进行,应待底下的镜面粘结达一定强度后,再进行上一层粘贴。

以上三种方法固定的镜面,还可在周边加框,起封闭端头和装饰作用。

(5) 托压固定:托压的固定主要靠压条和边框将镜面托压在墙上。压条和边框有木材和金属型材,有专门用于镜面安装的铝合金型材。

1) 铺油毡和弹线方法同上。

2) 压条固定也是从下向上进行,用压条压住两镜面间接缝处,先要竖向压条固定最下层镜面,安放上一层镜面后再固定横向压条。

3) 压条为木材时,一般宽 30mm,长同镜面,表面可做出装饰线,在嵌条上每 200mm 内钉一个钉子,钉头应没入压条中 0.5~1mm,用腻子找平后刷漆。因钉子要从镜玻璃缝中钉入,因此,两镜面之间要考虑设 10mm 左右缝宽,弹线分格时就应注意这个问题。

4) 表面清理方法同前。

大面积单块镜面多以托压做法为主,也可结合粘贴方法固定。镜面的质量主要落在下部边框或砌体上,其他边框起防止镜面外倾和装饰作用。

二、施工注意事项

(1) 选用的材料规格、品种、颜色应符合设计要求,不得随意改动。

(2) 在同一墙面上安装同色玻璃时,最好选用同一批产品,以防镜面颜色深浅不一。

(3) 从温差很大的室外运入室内的镜面玻璃,应待其温度缓解后再行切割,以防碎裂。

(4) 镜面玻璃应存放在干燥通风的室内,每箱都应立放,不可平放和斜放,以防损坏。

复习思考题

1.内墙面装饰有哪些做法?各有什么特色?

2.内墙面抹灰如何施工?应注意哪些问题?

3.块材墙面应注意哪些质量问题?

4.粘贴壁纸时为什么要放在水中浸泡?怎样预防施工时气泡出现?

5.镜面有哪些做法?指出其优缺点?

第四章　楼地面装饰工程

第一节　概　　述

一、楼地面的组成与分类

（一）楼地面的组成

楼地面是房屋建筑的底层地坪和楼层地坪的总称。由面层、垫层和基层等部分组成。

1. 面层

是地坪楼层的最上层，也是表面层。传统楼面层有：水泥砂浆面层、细石混凝土面层、水磨石面层、地砖面层、大理石面层、花岗石面层和木地板面层，一般要求面层有足够的坚固性和耐磨性；表面平整，易于清扫，行走时不起灰；有一定的弹性和较小的导热性；并要求做到适用、经济、就地取材和施工方便。

2. 垫层

是处于面层下的结构层，有刚性垫层、半刚性垫层和柔性垫层三种。刚性垫层有足够的整体刚度，受力后不产生变形；柔性垫层无整体刚度，受力后产生变形；半刚性垫层介于两者之间。垫层的作用是将面层传来的上部荷载均匀地传至基础上，楼面的垫层还起着隔音和找平或找坡的作用。

3. 基层

是地面的基础，它承担垫层传来的荷载，地面基层一般为素土夯实或加入碎砖的夯实土。楼面的基层是楼板，楼板起着上下分隔的作用，承受房屋内部设备、家具和人的重量及自重，并将这些荷载通过墙身和柱子传给基础。同时，楼板对墙身起着水平支撑作用，帮助墙身抵抗水平推力，能加强房屋的整体性和稳定性，在使用的要求上还应有一定的隔音性能。

（二）楼地面的分类

1. 按面层材料分

有灰土、三合土、砂浆、混凝土、水磨石、马赛克、地砖、大理石、花岗岩、木、塑料地面等。

2. 按面层结构分

整体地面如：水泥砂浆、混凝土、现浇水磨石、灰土等；有涂布地面如：聚蜡酸乙烯地面、环氧树脂地面、不饱和聚酯地面、聚氨酯地面和聚乙烯醇缩甲酮酸水泥地面等；有卷材地面如：塑料地面、化纤毯地面等；有块材地面如：锦砖（马赛克）、缸砖、地砖、预制水磨石、大理石、花岗石、木板等。

二、楼地面的基层处理

（1）抄平弹线，统一标高。检测各个房间的地坪标高，并将统一水平标高线弹在各间墙壁上，离地面 50cm 处。

（2）楼面的基层是楼板，通常在板面做 30～50mm 厚，C20 细石混凝土找平，和板面清理工作。

（3）地面的基层多为土壤。淤泥、腐植土、冻土、耕植土、膨胀土和有机含量大于 8% 的土，均不得作地面下的填土用。地面下的填土应采用素土分层夯实，土块的粒径不得大于 50mm，每层虚铺厚度：用机械压实不应大于 300mm，用人工夯实不应大于 200mm，每层夯实后的干重度应符合设计要求。回填土的含水率应按照最佳含水率适当控制，太干的土要洒水湿润，太湿的土应等干后使用，遇有橡皮土必须挖除更换，或将其表面挖松 10～15cm 掺入适量的生石灰（其粒径小于 5mm，每平方米约掺 6～10kg），然后再夯实。

干碎石、卵石或碎砖等作地基表面处理的直径应为 40～60mm，并应将其铺成一层，采用机械压实压进适当湿润的土中，其深度不应小于 40cm，在不能使用机械压实的部位，可采用夯打压实。

地面下的基土，经夯实后的表面应平整，用 2m 靠尺检查，要求其土表面凹凸不大于 1cm，标高应有符合设计要求，水平面偏差不大于 2cm。

第二节 整 体 地 面

一、水泥砂浆地面

水泥砂浆地面具有经济、施工方便等优点。面层的厚度一般为 15～20mm，用 425 号水泥与中砂或粗砂配制，配合比为 1:2.5（体积比），砂浆应是干硬性的，用手捏出团稍出浆为准。

操作前先按设计测定地面层标高，同时将垫层清扫干净洒水湿润后，刷一道素水泥浆，紧跟着铺上水泥砂浆，用刮尺赶平，并用木抹子压实，待砂浆初凝后终凝前，用铁抹子反复压光为止，不允许撒干灰砂收水抹压。砂浆终凝后（一般在 12h 后）铺盖草袋、锯末等浇水养护。水泥砂浆面层除用铁抹压光以外，其养护是保证面层不起灰的关键，应引起足够的重视。当施工大面积面层时，应按要求留设分格缝，防止砂浆面层不规则裂缝的发生，一旦发生裂缝应立即修补。

二、细石混凝土地面

细石混凝土地面与水泥砂浆地面比较，地面强度高，干缩值小，耐磨、耐久，不易开裂翻砂。但施工时操作程序多，比较费力。

细石混凝土地面面层厚度视建筑的用途定，一般住宅和办公楼为 30～50mm；厂房车间为 50～80mm。混凝土的配合比为 1:2:4＝水泥:砂:石子，其混凝土强度等级不低于 C20，坍落度不大于 3cm，采用 425 号普通砖酸盐水泥，中砂或粗砂和粒径为 0.5～1.5cm 的碎石或卵石配制而成。

铺混凝土之前，在地坪四周的墙上弹出水平线，以控制面层的厚度，混凝土铺平后宜用机械振捣，当采用人工捣实时，应用小滚子来回交叉滚压 3～5 遍至表面泛浆为止，然后用木抹压，待混凝土初凝后终凝前，再用铁抹子反复抹压至收光为止，在压实抹光中不准撒干灰砂，施工一昼夜后覆盖浇水养护 7d。

大面积细石混凝土面层施工时，应用刷有沥青的 20mm 厚的木板隔成与垫层变形缝相符合的方格，缝内填沥青或用煤焦油木屑板。

三、现浇水磨石地面

现浇水磨石地面面层应在完成顶棚和墙面抹灰后,再施工水磨石地面面层,其工艺流程如下:

基层清理→浇水冲洗湿润→设置标筋,→做水泥砂浆找平层→养护→镶嵌玻璃条(或金属条)→铺抹水泥石子浆面层→养护初试磨→第一遍磨平浆面并养护→第二遍磨平磨光浆面并养护→第三遍磨光并养护→酸洗打蜡。

铺水泥砂浆找平层并经养护2~3天后,即可进行嵌条分格工作。现浇水磨石地面分格条有铜条和玻璃条,其规格如下:

铜条:长×宽×厚(mm)=1200×10×1~1.2

玻璃条:长×宽×厚(mm)=不限×10×3

嵌条时,用木条顺线找齐,将嵌条紧靠在木条边上,用素水泥浆涂抹嵌条的一边,先稳好一面,然后拿开木条在嵌条的另一边涂抹水泥浆。在分格条下的水泥浆形成八字角,素水泥浆涂抹的高度应比分格条低3mm,分格条嵌好后。应拉5m长通线对其进行检查并整修,嵌条应平直,交接处要平整、方正,镶嵌牢固,接头严密。粘贴分格条的做法见图4-1。

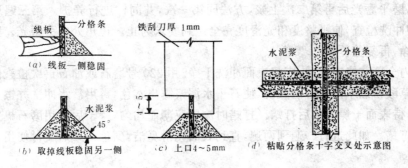

图4-1 粘贴分格条做法示意图

当嵌用铜条时,应预先在下部1/3处打φ3的孔,中至30cm左右。嵌铜条时穿22号铁丝或玻璃钉,与分格条同时粘稳。

嵌条铺后,应浇水养护,待素水泥浆硬化后,铺面层水泥石子浆。

踢脚板和墙裙用1:1.5~2,粒径4~6mm的水泥石子浆;楼地面用1:1.8~2.2,粒径较粗的石子浆。水泥石子应该过秤准确配料,并搅拌均匀,美术彩色磨石应预先根据工程量算出需要的水泥用量,按已选定的各种颜料掺入量一次调配,过筛干拌均匀装袋备用。

铺抹楼地面水泥石子浆前,先在洁净且湿润找平层上,涂刷一道水灰比为0.5与面层颜色相同的水泥浆。

随即依次浇注水泥石子浆,面分格条高出5mm为宜,待用滚筒压实后,则比分格条高出6mm,做多种颜色的彩色磨石子面层时,应先做深色后做浅色;先做大面,后做镶边。且待前一种色浆凝结后再做后一种色浆,以免混色。在抹平后的水泥石子浆表面,再均匀的平撒一层干石子,随即用铁滚纵横碾压,至均匀泛浆为止。待水泥石子浆开始凝结(一般2h)时再纵横碾压,并视情况补撒石子,并用手铁板将泛山的浆抹平,然后用2m靠尺检查平整度并修整达到要求,发现分格条损坏应立即进行修补。

铺抹水泥石子浆罩面后的次日即开始洒水养护。常温养护3~5d后进行试磨,以石子松动为准,水磨石地面一般开磨参考时间见表4-1。

平均温度(℃)	开磨时间(d)	
	机 器	入工磨
20～30	2～3	1～2
10～20	3～4	1.5～2.5
5～10	5～6	2～3

注：天数以水磨石压实抹光后算起。

当试磨合格后，随即用 80 号磨石开始第一遍磨平。磨石机在地面走横"8"字形，边磨边用水冲洗并用 2m 靠尺检查平整度。磨完应达到浆层磨透、磨平、石子均匀显露；分格条全部露出；表面基本平整，清水冲洗干净。经检查合格后，用白色的水泥素浆擦涂上浆，用以填补砂眼，并修补个别掉粒处。擦浆后次日应洒水养护2～3 天，踢脚板和墙裙用手持式小型磨面机或手磨进行，先竖磨，后横磨，阴阳角要磨圆，合格后上浆养护。第二遍用 150 号磨石，磨法同第一遍，磨平磨光后再第二次上浆，方法同第一次，并同样进行养护。第三遍用 180 号磨石，边磨边冲洗检查，使平整度和光滑度完全达到要求为止。边角处用手磨光。磨好后要清水冲洗干净，再复盖养护。

待室内全部装修完成后，应将表面冲洗干净。用 220 号磨石或油石再次检查修磨、冲洗，合格后撒草酸粉洒水并再打磨酸洗，使石子水泥浆露出本色，再用清水冲洗并擦干。设计要求打蜡时，待表面干燥发白后打蜡。打蜡时涂层应薄而均匀，待干后再用磨石机头上包麻袋或帆布来打蜡。如此进行一遍到两遍，直到表面光滑亮洁，颜色一致后交付使用。

第三节　木　地　面

木地面具有弹性，导热系数小，不起尘，易清洁等特点，是理想的地面材料。但我国木材资源少，造价高，作为地面仅用于有特殊要求的建筑中。

木地面有空铺和实铺两种。由于空铺耗木料较多，现已少用。现主要介绍实铺木地面，见图 4-2。

（一）木地面施工工序

1. 设埋件，做防潮层

在现浇混凝土时，应将埋件埋入混凝土中，埋时要注意埋件的位置，应与木搁栅的间距相适应。埋件中距一般为 800mm。防潮层一般用冷底子油、热沥青一道或一毡二油做法。它的作用主要防止潮气侵入地面层引起木材变形、腐蚀等。

2. 弹线

在安放垫木和木搁栅前，应根据设计标高在墙四周弹线，以便于找平木搁栅的顶面高度。

3. 设置木垫块和木搁栅

用 20 厚木垫块放在垫层上与搁栅钉牢，中距 400mm，实铺式木地面也有不加木垫块的做法，如直接将木搁栅放在垫层上或橡皮垫上，木搁栅每隔 1200mm 用 30mm×50mm 横撑固定。木搁栅要与埋件用双股 12 号镀锌铁丝绑牢，在绑接处做 10mm×10mm 凹槽，以保证

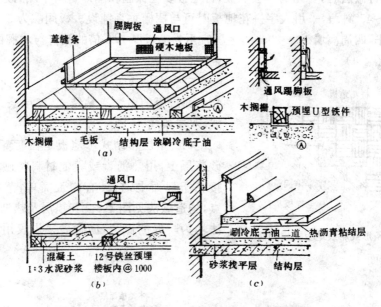

图 4-2 实铺式木地面

(a)木搁栅双层木地板;(b)木搁栅单层木地板;(c)粘贴式木地板

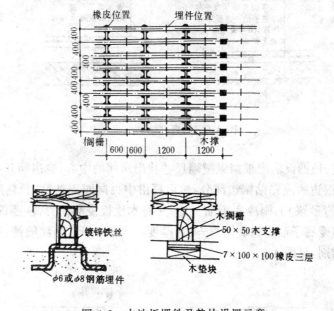

图 4-3 木地板埋件及垫块设置示意

上皮平齐,并每隔 1m 做同样的凹槽,以保证通风(见图 4-3)。

4.填保温、隔声材料

按设计要求有时要在面板与垫层之间填保温、隔声材料,这些材料多为干炉渣、矿棉毡、石灰矿渣填充,厚度 40mm,保持与地面面层有一定间隙。

5.钉毛板

在双层铺钉做法时,要先铺一层毛板,钉毛板要在保温和隔声材料干燥后进行。毛板与木搁栅成30°~45°斜角,采用人字拼花地板时可与搁栅垂直铺设。板间隙为3~5mm,板心向下,表面刨平,四周离墙10~20mm,毛板宜用为毛板厚2.5倍的圆钉与木搁栅钉牢,一般每端钉两个(图4-4)。

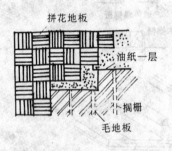

图4-4 条形或席纹地板双层铺法

面积较大的地面。

6.做面层板

面层板的做法有粘结式、单层条式、双层拼花式、双层条式。

(1)单层粘结式木地板是在沥青砂浆或水泥砂浆层上,用热沥青或其他材料将硬木面层板直接粘于地面上,它具有施工简单,节省木材的特点,构造做法见图4-5。其垫层及热沥青的铺设方法均为一般的做法,沥青砂浆层仅用于需防潮和

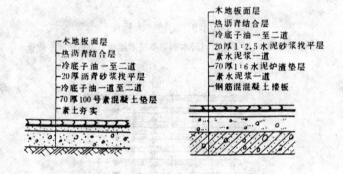

图4-5 沥青粘结木地板

施工注意事项:1)铺设前应根据纵横墙尺寸找出房间的中心,自房间开心开始按设计图案向四周粘贴,有镶边的应先贴镶边部分,然后再由中央向四周粘贴;2)粘贴前应先在找平层(水泥砂浆或沥青砂浆)上刷冷底子油一道,并将木地板浸蘸沥青、浸蘸深度为板厚的1/4,同时在已刷涂的冷底子油上涂刷沥青一道,厚度不大于2mm,随涂随铺,并随时用橡皮刮板刮去溢出的粘结剂,见图4-6。

(a)沥青粘结企口木地板接缝   (b)沥青粘结裁口木地板接缝

图4-6 木地板接缝

(2)单双层条形铺钉地板单双层条形板的拼缝一般采用平口、企口或错口,条形板与木搁栅垂直铺钉。

1）从墙面一侧开始，将条形木板材心向上逐块排紧铺钉，缝隙不超过1mm，板的接口应在木搁栅上，圆钉的长度为板厚的2～2.5倍，硬木板铺钉应先钻孔，一般孔径为钉径的0.7～0.8倍；

2）铺钉方法有明钉和暗钉两种(图4-7)，明钉法先将钉帽砸扁，将圆钉垂直于板面与搁栅钉牢，每点钉两个钉，同一行的钉帽应在同一直线上，并须将钉帽冲入板内3～5mm，暗钉法先将钢帽砸扁，从板边凹角处斜向钉入，一段钉一个圆钉。

错口缝钉法　　企口缝钉法

图4-7　条形木地板钉法

（3）双层拼花地板：双层拼花地板一般采用企口拼缝，拼花形式多种多样，通常情况下均有镶边。

1）铺钉前先按设计图案弹线，并进行试铺调整，再由房间中央向四边逐块铺钉。面板与毛板之间加油毡起防潮和隔声作用；

2）硬木拼花地板拼缝应不大于0.3mm，为使企口吻合，应在铺钉时用有企口的硬木套于木地板企口上用锤敲击使拼缝严实。面层木板与毛板用暗钉法连接方法同条形板，板长不超过300mm时钉两颗圆钉，板长超过300mm时钉3颗圆钉。

7.刨平磨光

在以上工序完成后，粘结式地板的粘结材料凝固后，用刨子刨平刨光，刨平刨光可分三次进行，刨去的总厚度不宜超过1.5mm，并无刨痕，然后用砂纸磨光。

8.油漆、打蜡

油漆可用各种地板漆和各种地面涂料。打蜡可用地板蜡，做法参见墙面油漆。

（二）施工注意事项

（1）一定按设计要求施工，选择材料应符合质量标准。

（2）粘结式木地面应在水泥砂浆找平层含水率不大于7%时方可刷冷底子油，刷沥青，采用沥青胶粘贴应加热到180～185℃，采用焦油沥青的粘贴温度为120～130℃。

（3）所有木垫块、木搁栅均要做防腐处理，条形木地板板底也要做防腐处理。

（4）木地板靠墙外要留出15mm空隙，以利通风。在地板和踢脚相交处，如实铺封闭木压条，则应在木踢脚上留通风孔。

（5）实铺式木地板所铺设的油毡防潮层必须与墙身防潮层连接。

（6）在常温条件下，细石混凝土垫层浇灌后至少7d，方可铺钉木搁栅。

第四节　块　材　地　面

利用各种预制块材或天然石板材铺贴在基层上的地面。包括：陶瓷地砖(马赛克瓷砖、缸砖)以及各种人造和天然的大理石、花岗石等。这类地面具有耐磨损、易清洗、刚性大等特点，尤其是大理石、花岗石等，其质地坚硬、色泽艳丽、美观，属高档地面装饰，一般用于高级宾馆、公共建筑的大厅，影剧院、体育馆的入口处等地面。

一、陶瓷面砖地面面层

陶瓷地砖包括缸砖、地砖和马赛克，缸、地砖系陶土烧制而成，颜色红棕色，有方形、六角形、八角形等。可拼成多种图案。砖背面有凹槽，便于与基层结合。方形尺寸一般为100mm×100mm、150mm×150mm，厚10～15mm。地砖尺寸为300mm×300mm，厚10～15mm。缸地砖质地坚硬、耐磨、防水、耐腐蚀,易于清洁。适用于卫生间、实验室及有腐蚀的地面。铺贴方式在结构层找平的基础上,用5～8厚1：1水泥砂浆粘贴。砖块间有3mm左右的灰缝,见图4-8。

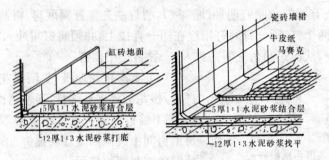

图4-8 缸砖、马赛克铺地

马赛克质地坚硬、经久耐用、色泽多样,具有耐磨、防水、耐腐蚀、易清洁等特点,适用于卫生间、厨房、化验室及精密工作间地面。

(一)陶瓷砖施工工序

1.清理基层抹底灰

方法和要求同水泥地面做法,找平底灰用15mm厚1：3～1：4水泥砂浆表面刮平搓毛,浇水养护。

2.弹线、拉线

在底灰达到一定强度后,在底灰上弹出定位中线,按照砖的规格拉线,排砖尺寸要考虑缝宽,缸砖缝宽不大于6mm,也可采用碰缝,即不留缝,从门口开始往室内铺,边部出现非整砖需要切割。碰缝做法在弹线、拉线时则不需考虑缝宽。

3.铺贴

(1)铺贴前,先将地砖浸水2～3h,取出阴干。

(2)地面如镶边,应有先铺镶边部分,再铺中间有图案部分和其他部分,铺贴时,竖缝靠接线比齐,横缝放米厘条,待面砖拍实拨直后取出,目的是统一缝宽。

(3)面砖铺贴前,在找平层上撒一层干水泥,浇水后随即铺砌,也可在砖背面刮素水泥浆,或铺10～15厚混合以砂浆,然后粘贴,用小木锤拍实,如果在水泥浆中加入适量的107胶,可以增加粘结强度。

4.浇水、拨缝

铺完后的面砖,宜用喷壶浇水,等砖稍收水后,随即用小木锤拍打一遍,将缝拨直,再拍打一遍,再拨缝。

5.填缝及养护

地面全部铺完后,用体积比1：1的水泥砂浆填缝,再拍打一遍,水泥砂浆一收水,即可用锯末清扫表面,在常温下铺砌24h后浇水养护3～4d,养护期间不得上人。

(二)施工注意事项

1.要检查砖的质量,应达到表面平整、无裂缝和缺棱、掉角现象,尺寸准确,颜色一致。不同规格品种的面砖应分别堆放,不得混用。

2. 基层应清理干净,粘结层不宜过厚,面砖背面浮灰应扫净,浸水的面砖应阴干或擦干。以免因上述原因引起各层之间粘结不牢,引起地面空鼓。

3. 各房间水平线要统一,以免在门口与走道交接处和相邻房间之间地面出现高差。在铺设时,应随时用水平尺和直尺找平。挂线尺寸应准确,铺设时注意调缝,以防缝隙不均。

二、大理石、花岗地面面层

大理石有人造和天然之分。大理石、花岗石质地坚硬、色彩鲜艳。要求其色泽鲜明,颜色一致,其规格可由设计而定。

（一）大理石、花岗石地面施工工序

(1) 清理基层,抹底层,方法和要求同其他地面。

(2) 弹出中心线:在房间内四周墙上取中在地面上弹出十字中心线,按板的尺寸加预留缝放样分块,铺板时按分块的位置,每行依次挂线(此挂线起到面层标筋的作用)。地面面层标高由墙面水平基准线返下找出。

(3) 安放标准块:标准块是整个房间水平在标准和横缝的依据,在十字线交叉点处最中间安放,如十字中心线为中缝,可在十字线交叉点对角线安放二块标准块,标准块应用水平尺和角尺校正。

(4) 铺贴

1) 铺贴前板块应先浸水湿润,阴干后擦去背面浮灰方可使用。

2) 大理石板地面缝宽为 1mm。

3) 粘结层砂浆为 15～20mm 厚干硬性水泥砂浆,抹粘结层前在基层上刷素水泥浆一道、随抹随铺板块,一般先由房间中部往两侧退步铺贴。凡有柱子的大厅,宜先铺柱子与柱子中间部分,然后向两边展开。也可先在沿墙处两侧按弹线和地面标高线先铺一行大理石或水磨石板,以此板作为标筋两侧挂线,中间铺设以此线为准。

4) 安放时四角同时往下落,并用皮锤或木锤敲击平实,调好缝隙,铺贴时随时检查砂浆粘结层是否平整、密实,如有孔隙不实之处,应及时用砂浆补上。

(5) 灌缝:板块铺贴后次日,用素水泥浆灌 2/3 高度,再用与面板相用颜色的水泥浆擦缝,然后用干锯末擦净擦亮。

(6) 养护在擦净的地面上,用干锯末和席子覆盖保护,2～3d 内禁止上人。

（二）注意事项

(1) 铺贴所用材料应符合质量标准。大理石要根据图案和纹理试拼编号。

(2) 铺贴时一定要先将板块浸水,必须用干硬性水泥砂浆,并且要进行试铺。

(3) 踢脚线可先铺,也可后铺,先铺踢脚板要低于地面 5mm,铺贴时在踢脚板背面抹 2～3mm 素水泥浆铺贴并要木锤敲实,找平找直。次日用同色素水泥浆擦。

(4) 板块铺贴后,水泥砂浆达到 60%～70% 后方可打蜡。

(5) 大理石地面最好预铺,对好纹理,进行编号,再正式铺贴。

第五节 涂布无缝地面

涂布无缝地面用:聚蜡酸乙烯涂布地面,环氧树脂涂布地面,不饱和聚酯涂布地面,聚氨酯涂布地面和聚乙烯醇缩甲酮酸水泥地面。常用的为聚蜡酸乙烯涂布地面和聚乙烯醇缩甲醛胶水泥地面。

聚乙烯醇缩甲醛胶水泥地面上以水溶性聚乙烯醇缩甲酮酸为基础与普通水泥和一定量的氧化铁系颜料组成的一种厚度涂料,可用涂刮方法涂布于水泥地面上,结硬后形成涂层。它的优点是:涂层与水泥结合较牢,能在尚未干透的地面上施工;涂层干燥快,施工方便,不会起砂,正常情况下不至表面裂纹现象;造价低,美观耐磨。

一、涂料配方及设备

1.配合比(质量比)

(1)涂料的基本配方如下:

425 号普通硅酸盐水泥	100
含固量 10%聚乙烯醇缩用醛胶	40～45
氧化铁颜料	10
水	5～10

(2)常用涂料配方举例(见表 4-2)。

涂料配方参考表　　　　　　　　　　　　　表 4-2

颜　色	材　　料					
	水泥	胶水 10%	氧化铁红	氧化铁黄	氧化铬绿	水
铁红色	100	50	10			适量
桔红色	100	50	5	5		适量
桔黄色	100	50	2.5	7.5		适量
绿色	100	50			10	适量

2.配制方法

(1)按配方秤取氧化铁系颜料,如果是使用几种颜料时,应有先将其混合均匀放在容器内,加水使颜料充分湿润,制成颜料色浆。加水量根据颜料吸水量的不同加水量亦不同。如:

氧化铁红加水量为其质量的 0.5;

氧化铁黄加水量为其质量的 1.5;

氧化铬绿加水量为其重量的 0.35。

为保证颜色一致,一个工程应一次将料备齐。

(2)按配方秤取聚乙烯醇缩缩甲醛酸放入容器内,在搅拌中加入预先调制的颜料色浆,再经充分搅拌,即成为涂料色浆。

早期采用的聚乙烯醇缩甲醛胶为 107 胶,因其游离甲醛含量较多,施工时有一定的气味。为此,采用尿醛树脂改和性聚乙烯醇缩甲醛胶为基料配制涂在面层的耐水、耐热,粘结性与采用 107 号胶为基料的基本相同,而耐磨性则略有提高,施工时甲醛气味有所减少。聚乙烯醇缩甲醛胶在 610℃ 以下时要变稠,在零下温度时会冰结,因而冬季施工应预先在高温条件下或隔水加热溶化再配制涂料色浆,但加热温度不能过高,否则会进一步缩聚成不溶于水的物质而报废。解冰的胶如仍能充分溶解于水中,无絮状沉淀物,表明胶未变质,仍可以使用。

3.涂料色浆

施工时,按配方秤取涂料色浆,放入容器内,在搅拌中将定量的水泥加入色浆内,再经充分搅拌成均匀胶泥状,用窗纱筛网过滤,过滤的目的不仅是除去杂质,而且使水泥与涂料色浆分布均匀,过滤后即成均匀的水泥涂料色浆。

二、涂层施工工序

1.基层处理

先把基层表面残留砂浆、浮灰及油渍清除,不然会降低涂层与基层的粘结力,严重时会产生空鼓现象;基层如高低不平或有大的凹洞,要影响涂层施工质量,依靠增加涂刮次数不能达到平整目的,因此施工前必须预先找平,否则施工后涂层表面仍会有凹陷。凹或大的裂缝用水泥拌入少量聚乙烯醇缩甲醛胶或腻子嵌平,凸起地方应铲平。如原地面起砂严重,施工时应预先用107号胶加1倍水均匀涂刮一次,待稍干后即可施工。

基层过分干燥会降低涂层与地面的粘结力,施工前可先用湿拖布湿润地面,而且也可除去浮灰。

2.涂刮方法

把配制好的水泥涂料色浆倒在待施工的地面上,以刮板用力将其均匀涂开。待前次涂层稍干后,即做起第二层时不会损坏第一层涂层为宜,其间隔时间不宜少于2h,前后应纵横交错涂刮,一般涂刮3～4遍,每层厚度的0.5mm,最后一层涂布后,表面多少会带有刮板印痕,第二天可用0号铁砂纸磨平。为了提高涂层的强度,防止出现龟裂,应在涂布施工后的七天内洒水养护、保持湿润。

3.涂层表面处理

因打磨后的表面颜色深浅不匀,而且无光,故需作表面处理,经表面处理的涂层能提高耐磨性、耐久性和表面光洁度。表面处理的方法有两种:

(1)待地面涂料完全干燥后,直接在上面打蜡,在地板蜡内可加入少量溶剂及微量颜料,这种方法耗蜡量较大;

(2)在磨平后的聚乙烯醇缩甲酮水泥地面上涂一层耐磨性较好的水性地面涂层,当前广泛采用的是聚氯乙烯-偏氯乙烯共聚乳液,加入少量的氯化铁颜料和分散剂组成的薄涂料,在该涂层上涂上少量的地板蜡即可。经这种处理的地方,耐磨性有明显的提高,地面涂层十分光洁,色彩均匀鲜艳,装饰效果良好。

4.涂刮时注意事项

涂刮涂料之前,基层处理必须干净、平整、所有污垢,油渍等均应清除干净。表面缝隙、孔眼应用腻子填平并用砂纸磨平、磨光。

第六节 卷 材 地 面

一、塑料地板地面

塑料地板系采用聚氯乙烯板作地面面层,它是由聚氯乙烯树脂加增塑剂、稳定剂、润滑剂和颜料等,经加工成型而制成的一种热型性塑料制品。聚氯乙烯板有硬板和软板,地面一般采用软板。

塑料板地面的优点是重量轻,机械强度高,耐腐蚀性好,吸水性小,表面光滑,清洁,耐磨,有不导电和较高的弹塑性能。其缺点是受温度影响较大,随时间的增长会逐步老化,失去光泽。

（一）使用材料

1.聚氯乙烯板

聚氯乙烯板的品种很多,就外形说,有块材和卷材之分;就材质说,有软质与半硬质之分;就结构说,有单层与多层复合之分;就颜色来说,有单色与复色之分;就制造工艺来说,块材生产大多采用间歇式层压工艺,也用连续辊压工艺,卷材生产则采用连续式辊压或挤压出辊压工艺。

塑料地面要求聚氯乙烯板的板面平整、光滑、无裂缝,色泽应基本均匀一致、密实无孔,无皱纹,板内不允许夹有杂物和气泡,厚薄均匀,边缘平直。主要物理性能如下:

密度	$2.167g/cm^3$	落锤冲击	250 次
吸水率	0.237%	耐磨耗性	0.184g/1000r
抗拉强度	99.68MPa	加热尺寸变化率	-0.2011%
伸长率	6%	吸水尺寸变化率	$+0.1572\%$
加热减量	0.137%	耐燃性	离火自熄

2.聚氯乙烯焊条规格型号(见表 4-3)

聚氯乙烯焊条规格型号

表 4-3

种　　类	截面形式	边宽或直径	长　　度	被焊材料厚度
软聚氯乙烯焊条	等边三角形	4.2±0.6	72000	
硬聚氯乙烯焊条	圆　形	2±0.3 3±0.3 4±0.3	500～700	2～5 1.5～2.5 10 以上

焊条抗拉强度不低于 $10N/cm^2$,在 15℃时弯到 180°后不得有裂纹。焊条表面应平整光滑,无孔眼、节瘤、裂纹,皱皮等缺陷,焊条内部不得有气泡。

3.粘结剂

粘结剂目前主要有:乙烯类(聚蜡酸乙烯乳液)、氯丁橡胶型、聚胺脂、环氧树脂、合成橡胶溶剂型和沥青类等。

(1)溶剂型氯丁橡胶粘结剂

由氯丁橡胶与各种配合剂组成,经混炼成胶片后再溶解于醋酸酯和汽油的混合溶剂中制成。它是一种速干、初粘强度大的聚氯乙烯塑料地面的粘结剂,外观呈浅黄色,1d 的剪切强度为 0.35MPa,7d 的剪切强度应不小于 0.25MPa。

(2)202 双组分氯丁橡胶粘结剂

它是一种由氯丁橡胶与三苯基甲三异氰酸酯所组成的双组分粘结剂。这种粘结剂速干,初粘强度大,且胶膜柔软,有一定耐水、耐酸、碱性能。它的 1d 剪切强度为 0.5MPa,7d 的剪切强度为 0.94MPa。

(3)聚醋酸乙烯粘结剂

它是醋酸乙烯与丙烯酸丁酯在甲醇溶液中共聚而成的无色透明状粘稠液,它具有速干、施工方便、粘结强度高等特点,但耐水性较差。1d 的剪切强度为 $5kg/cm^2$,7d 的剪切强度能达 1.3MPa。

（4）405 聚氨酯粘结剂

它是一种由有机异氰酸酯和末端含有羟基的聚酯所组成，能在室温下固化的粘结剂，具有很强的粘结力，胶膜柔软，并具有耐溶、耐油、耐水、耐酸、耐震等性能。1d 的剪切强度就能达到 1.3MPa 以上。

（5）环氧树脂粘结剂

它是以乙二胺或多烯多胶类为固化剂，在室温下固化的双组分粘结剂。固化后的粘结强度极高，能耐热、耐酸碱、耐水，通常适用于经常受潮湿的地下水位高的场合及某些有特殊要求的工程。1d 剪切强度为 1.3MPa。使用时的组分配合比是：环氧树脂：固化剂＝10：1。

4. 脱脂剂

用于半硬质聚氯乙烯板脱脂去蜡。脱脂剂为：丙酮：汽油＝1：8 的混合溶液。

二、半硬质聚氯乙烯板

（一）准备工作

（1）对水泥砂浆找平层的要求

要求表面必须平整、坚硬、干燥，无油脂及其他杂质（包括砂粒）。平整度的允许偏差不得超过 2mm；砂浆强度不低于 M7.5；含水率不大于 88％。

如找平层有麻，平整度超过允许偏差值，起砂面积较大，宜采用乳液腻子修补平整，处理方法如下：

1）将基层清扫干净后，满涂用水稀释的 107 胶一遍，以增加基层表面的整体性结粘力，其配合比为：水：107 胶＝2：1(体积比)

2）刮第一遍乳液腻子，配合比为：

石膏：土粉：聚醋酸乙烯乳液：水＝2：2：1：适量(体积比)

在腻子中掺水是为了改善腻子的和易性，其用量以刮板上的腻子不流淌为宜。

3）刮第二遍乳液腻子，配合比为：

滑石粉：聚醋酸乙烯乳液：水：甲基纤维素＝1：0.2～0.25：适量：0.1

掺甲基纤维素的目的是改善乳液的保水性，但用量不得超过滑石粉重的 1/10，以免降低腻子的粘性。

在第一遍腻子干燥后，再制第二遍腻子，在正常温度下需间隔一昼夜。

（2）对塑料板块材进行外观质量检查和脱脂去蜡处理。

（3）按照塑料地面的尺寸，颜色及铺贴房间的大小，作好图案拼花设计。

（4）检查粘结剂的种类、牌号及出厂日期是否在规定的使用期内，有无变质现象等。

（5）准备好铺贴用的工具。

（二）铺贴方法

（1）劳动组织。当房间面积较大时，以 3～4 人为一组，由 2 人分别在地面和块材背面上涂胶（只有采用橡胶型粘结剂时，只要在塑料板的背面涂胶），由 1～2 人铺贴塑料块材，待整间铺贴完毕后，一起进行塑料地面的清理工作。

（2）弹线、分格、定位，距墙面留出 200～300mm 以作镶边。根据设计图案、拼花式样和铺贴方法进行。弹线时以房间中心点为中心，弹出互相垂直的两条定位线(定位线用十字形、丁字形和×形三种)。如图 4-9 所示。

如整个房间排偶数块，则房间的中心线即为塑料板块的接缝，作为定位线；如排奇数块，则定位线应将房间的中心线向左或向右移动半块塑料板块的距离。如图4-10所示。

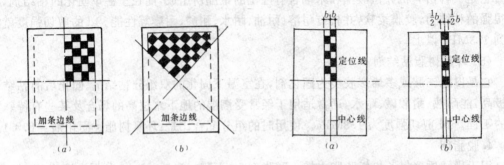

图4-9 弹线定位示意图　　　　　图4-10 确定定位线方法的示意图
(a)直角图案；(b)斜角图案　　　　(a)排偶数块时；(b)排奇数块时

（3）配胶。在配制胶粘剂时，应根据铺设面积的需用量进行，一般每平方米用0.5kg左右。配好后，一般应在3～4h内用完。如因气候变化、地面吸收等情况，操作中感到胶结剂不易涂布时，可酌量减少填料用量。

（4）涂胶前，应再次将基层表面清扫干净后，将已配制好的胶结剂用梳形刮板均匀地涂刮在水泥砂浆找平层上，采用梳形刮板涂胶，可使其涂布均匀，易于控制用胶量，铺贴时也容易赶走气泡，从而保证铺贴质量。

若用橡胶型粘结剂，则同时用油刷在塑料板背面薄薄地涂上胶结剂。

（5）铺贴塑料板。塑料板在铺贴前，应用丙酮：汽油＝1：8混合液擦洗，进行脱脂除蜡处理。施工上的室温应在10～35℃范围内，低于或高于此温度范围最好不进行铺贴。

铺板时，应根据地板图案，按照弹好的中心线和定位线，先铺设定位带，其位置必须正确，特别是定位线要垂直。粘贴时，可先在定位线左右各贴一排成为定位带，定位带的位置必须十分正确。如图4-11所示。定位带铺设后，施工方向一般应由里向外，由中心向四周进行（见图4-12）。铺贴地板时，一般应先涂刷塑料板粘胶面，后涂刷基层表面，涂刷厚度应控制在1mm以内。胶料刮涂后，静置适当时间，让部分溶剂挥发，即可将塑料地板正向上，轻轻放在刮有胶料的基层面上，再用双手向下掀压，或用橡皮锤由中心向四周轻轻拍打将粘结层中的空气全部挤出。相邻两块地板的接缝要平整、严密。塑料地板铺贴后，边缘露出的胶结剂应及时用油灰刀铲去，以防下次涂胶时重叠，造成板面高低不平。每铺贴三排地板后，及时用铁滚滚压，将粘结层中的气体挤出，以增强地板与基层的粘结力。

边框铺贴应根据现场实际尺寸进行拼裁，操作时应用钨钢划线针沿量好尺寸的塑料地板划一条深痕，使其对折即可得所需的边框地板。如边棱稍有不齐时，可用木工刨进行修正。边框线的涂胶应用小型刮板。一般应待整个边框线塑料地板全部裁好后，再涂胶粘贴。

在房间有管子或异形物的地方，塑料地板应按管子或异形物的位置、形状剪裁后再铺贴。温度较低裁剪困难时，可将塑料板放在热水中加温处理后裁剪。

（6）清理表面。铺贴完毕后，应及时清理塑料地面的表面，对溶剂型粘结剂用棉纱沾少量松节油或汽油擦去拼缝时挤出的胶，一般溶剂不宜过多，防止渗入胶层中影响粘结力；对水乳型粘结剂只须用湿布擦。全部擦揩干净后，养护三天，再进行打蜡工作。

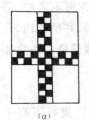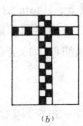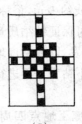

图 4-11　铺贴定位带示意图　　　　图 4-12　塑料地板铺设图案
(*a*)十字形定位带；(*b*)丁字形定位带；(*c*)×字形定位带　　(*a*)直角图案；(*b*)斜角图案

（三）使用中的养护

任何一种地面都会有它材性方面的局限性,欲使塑料地面经久耐用,始终如新,要十分注意保护。

（1）一般不用湿拖把经常拖,以防脏水从拼缝中渗进,破坏粘结。必要时,应将湿拖把拧干再拖,有时甚至用干布擦。通常情况下,2 至 3 个月打蜡一次,打蜡以后只要用干拖把清扫就可以了。

（2）在经常受到阳光直接照射的地方可能会出现局部褪色,如能加上窗帘遮挡,使直射光变成复射光,有利于延长使用寿命。

（3）在使用过程中,切忌金属锐器、玻璃陶瓷片,鞋钉等坚硬的物质磨损表面、划出伤痕影响美观。

（4）如有油渍、墨水沾污,应立即清洗掉,清洗时可用皂液擦洗,切勿用酸性洗液。

（5）聚氯乙烯塑料地面耐高温性较差,不应使烟蒂、开水壶、炉子等与地面直接接触,以防烧焦或烫坏。具有防火要求的室内,切忌用此材料。

（6）局部受到损坏,应及时调换,重新粘贴。但应将原有的粘结剂刮掉。除去浮尘,保持基层表面平整,再涂粘结剂,将新的塑料板粘贴上。

三、软聚氯乙烯板地面施工

（一）塑料板粘贴工艺

1. 准备工作

粘贴前应将塑料板预热展平,以减少板的胀缩变形和消除内应力。预热方法是将塑料板放入约 75℃左右的热水中浸泡 10～20min,至板面全部松软延伸后,并在塑料板的粘贴面用棉纱擦净蜡脂,晾干待用。不得采用炉火或热电炉预热。

2. 弹线

粘贴前应先在地面上根据设计分格尺寸进行弹线,分格尺寸一般不宜超过 90cm,在室内四周或柱根处弹线时,要留不小于 120mm 的宽度,在粘贴塑料踢脚板时进行镶边。

3. 下料

下料要根据房间地面的实际尺寸进行,下料时将塑料板平铺在地面上用刀裁割,然后进行预拼。塑料板边缘应截割成平滑坡口,两板拼合的坡口角度约成 55°。

4. 涂刮粘结剂

先在基层上刮底子胶一遍,宜用塑料刮板涂胶,不宜用毛刷。次日在塑料板粘贴面和基层面上,各刷一遍粘结剂(用擦刷涂刷),刷得要薄而匀,不得漏刷。刮涂粘结剂时,要使胶液满涂基层,超过分格线约 1cm,俗称基层过线,而离塑料边缘 5～10mm 的地方可不刷胶,俗称软板留边,这样既可保证粘结质量,又以保证板面清洁。粘结剂要随配随用,并搅拌均匀。在使用中若因溶剂挥发,以致粘度增大,可加入醋酸乙酯和汽油(2∶1)混合液稀释。待涂抹的粘结剂干燥后(即不粘手),再进行粘贴。

5.铺贴塑料板

铺贴塑料板时,施工地点四周环境的温度应保持在 10～35℃,相对湿度最好不高于 70℃,粘贴前一昼夜,宜将塑料板放在施工地点,使其保持与施工地点相同温度。塑料板的粘结须待室内各工序施工完毕后进行,施工时操作人员鞋底要保持干净。铺贴方向和顺序,一般由里向外,由中心向两侧或以室内一角开始,先铺地面,后贴踢脚板。铺贴塑料板时,涂刷一块塑料板的粘结剂,随即贴一块。粘贴时应将塑料板的一边与已粘贴好的塑料板靠近,依顺序赶走板下空气,与基层一次准确就位。铺贴时切忌用力拉伸或揪扯塑料板。铺贴后,一般不需加压,粘贴后 10d 内施工地点温度保持 10～35℃,空气中的相对湿度不宜超过 70%,粘贴后 24h 内不得上人。待板缝焊接后,表面可进行打蜡处理,粘贴后的塑料地面应平整,无皱纹及降起现象,缝子横竖要顺直。脱胶处不得大于 20cm²,各脱胶处之间距不得小于 50cm。

(二)塑料板的拼接工艺

1.拼接前的准备工作

拼缝内的污物和胶水可用丙酮、松节油、汽油或其他溶剂清洗。采用丙酮清洗时,应随时擦拭干净。也可用不加热的焊枪吹去板缝中的灰尘。

拼条在试拼前要进行去污除油处理,一般可用碱水清洗,碱水温度为 50～60℃,然后用水冲洗干净,晾干备用,每公斤碱可清洗 20kg 拼条。

拼接前应检查压缩空气是否带有油质和水分,检查的方法是将压缩空气向白纸上喷射(此时不接通焊枪的电路)30s,若纸上无油或无任何痕迹,则压缩空气是纯洁的。

2.塑料板拼缝处理

塑料板粘结后,一般经过两天进行拼缝处理,拼接时先把焊枪与压缩空气接通。焊枪入口处的压缩空气压力应控制在 0.8～1kg/cm²,然后接通焊枪电路(焊枪的电源应接自耦变压器,以调节电压,控制焊枪的温度,电源调节到 60～36V 范围,焊接结束时,应先截断焊枪电路,再停止供应压缩空气。焊接出口气流(离焊枪喷嘴 4～5mm 处)的温度应为 180～250℃,焊接温度可依据焊枪熔化拼条的现象(熔化快慢,熔化后的颜色等)加以掌握。

拼接时,焊枪的喷嘴与拼条、拼缝的距离要相适应,使拼条的焊缝都能很好地熔化。焊接时要注意焊条不要偏位和打滚,拼条要与塑料板呈垂直状,并对拼条稍施压力,随即用压滚压焊分缝。脱焊部位可以补焊,拼缝凸起的地方可用铲刀局部修平。拼接速度主要取决于焊枪温度和操作熟练程度,一般控制在 30～50m/min。

拼缝应平整、光滑、洁净,无焦化变色、斑点、焊瘤和起鳞现象,凹凸不能超过 6mm。用 620 倍放大镜观察拼缝应密实、无缝隙。弯曲焊缝 180°时,不得出现开焊或裂缝。拼缝冷却后,将与拼缝焊接的拼条往上揪,揪不起来,则证明拼接牢固,取试样作拼缝抗拉强度试验,其强度不得低于原塑料板抗拉强度的 75%。

拼接常见的缺陷及原因(见表 4-4)。

序 号	缺陷类型	外 部 标 志	原 因
1	未焊透	焊缝边上没有焊瘤,在弯曲时明显的见到塑料板与焊条开裂	1.温度不够高 2.气流方向不正确 3.喷嘴较远(超过 5~6mm) 4.空气压力过高
2	过热	在焊条与塑料板上有黑色斑点,焊缝上焊瘤过度熔化	1.空气温度过高 2.喷嘴靠的太近
3	缺口	焊条与塑料之间的空隙没有填满,有凹痕	1.焊接处拼缝不正确 2.焊缝间距太大 3.塑料板坡口不适合 4.空气压力过高

四、化纤地毯施工

化纤地毯具有吸声、隔声、弹性与保温性能好,美观、舒适等特点。

（一）化纤地毯的构成

1.面层

（1）纤维长度:以采用中、长纤维好,绒毛不易脱落、起球,使用寿命较长。

（2）纤维材料

丙纶纤维:比重低,抗拉强度、耐磨性都优越,但回弹性与染色性较差。

腈纶纤维:比重稍大,有足够的耐磨性,有色彩鲜艳,静电小等优点,回弹性优于丙纶。

绦纶纤维:具有上述两种材料的优点,但价格稍贵。

锦纶纤维:有优良的耐磨性、回弹性与织纹保形性,纺织工艺尚在试验阶段,价格更贵。

（3）面层制作工艺:采用机织法和簇绒法。

2.防松涂层

在化纤地毯的背衬上涂一层氯化烯-偏氯化烯或聚乳液为基料,添加增塑剂、增稠剂及填充料的防松层涂料,可以增加地毯绒面纤维的固着力,使之不易脱落。

3.与背衬复合

化纤地毯经过防松涂层处理后,用粘结剂与麻布或丙纶遍丝粘结复合,形成次级背衬,以增加步履轻松的感觉,同时覆盖织物层的针码,改善地毯背面的耐磨性。

粘结剂采用对化纤及黄麻织物均有良好粘结力的水溶性橡胶,如丁苯胶乳,天然胶乳,再添加增稠剂、填充料、扩散剂等,并经过高速分散,使之成为粘稠细腻的浆液,然后通过滚筒涂敷在预涂过防松层的初级背衬上。

（二）化纤地毯的性能

（1）剥离程度:是衡量地毯面层与背衬复合强度的一项性能指标,也能衡量地毯复合后的耐水性。

（2）粘合力:是衡量地毯毛绒固着于背衬上的牢度。

（3）耐磨性:该指标是衡量地毯使用耐久性。

（4）回弹性：回弹性标志地毯在动力荷载下厚度压缩的百分率。

（5）静电：衡量地毯带电和放电的情况，静电大，易吸尘，且打扫除尘也较困难。

（6）老化性：是衡量地毯经过一段时间光照和接触空气中的氧气后，化学纤维老化程度。具体表现在经过紫外线照射后纤维的光泽、色泽的变化、耐磨性、回弹性较未照射前差一些，同时在撞击处发现纤维老化，经撞击出现粉末现象。

（7）阻燃性：凡燃烧时间在 12min 之内。燃烧面积的直径在 17.96cm，以内者都认为合格。有时还用氧指数来衡量化纤地毯的阻燃性。

（8）耐菌性：地毯作为地面覆盖物，在使用过程中，较易被虫、菌所侵蚀而引起霉烂变化。凡能经受八种常见霉菌和五种常见细菌的侵蚀而不长菌和霉变者认为合格。

（三）化纤地毯施工工序

1. 铺设方法

分为固定与不固定两种；就铺设范围有满铺与局部铺设之分。

（1）满铺的两种方法

1）不固定式。将地毯裁边，粘结接缝成一整片，直接摊铺于地上，不与地面粘结，四周沿墙脚修齐即可。

2）固定式。是将地毯裁边，粘结接缝成一整片，四周与房间地面加以固定。固定可采用两种方法：一是用施工粘结剂将地毯背面的四周与地面粘结住；另一种是在房间周边地面上安设带有朝天小钩的木卡条，将地毯背面固定在木卡条的小钉钩上。此种方法适合于不常需要翻起地毯或不经常搬动家具的情况。

（2）局部铺设。采用固定式方法，固定式有两种做法：

1）粘结法。将地毯的四周与地面用施工粘结剂粘结。

2）铜钉法。将地毯的四周与地面用铜钉加以固定。

2. 胶结剂

地毯铺设时需用粘结剂的有两处，一是地毯与地面粘结时用，另一是地毯与地毯连接拼缝用。施工用的粘结剂采用天然乳胶漆加增稠剂、防霉剂配制而成。它无毒、不霉、快干，半小时内就有足够的粘结强度，施工使用简便。

施工工艺：

（1）基层表面处理，平整的表面只须打扫干净，若有油污等物，须用丙酮或松节油擦揩干净。高低不平处须用水泥砂浆填嵌平整。

（2）地毯裁剪。按房间尺寸形状用裁边机切断地毯料，每段地毯的长度要比房间长约2cm。宽度要以裁去地毯的边缘线后的尺寸计算，所以要弹线裁去地毯边缘部分。

裁边机是利用高速转动裁边，以 3m/min 的速度向前推进。

（3）地毯拼缝。用麻布条衬直两块待拼接的地毯之下，将施工粘结剂刮涂在麻布条衬上，然后把地毯向纵横向伸展，将地毯张平、铺服贴、不起拱。使地毯在使用过程中遇到较大的推力时也不致隆起，保持平整胶贴。

使张紧器伸展地毯时，要求地毯横向伸长为 1.5cm/m，即 1.5%，纵向伸长为 2cm/m，即 2%。张紧器伸展地毯作用力的方向应呈 V 字形，由地毯中心向外接开（见图 4-13）。

（4）固定地毯。地毯张紧后即进行固定。将整片地毯四周依房间踢脚线修剪整齐，钉木卡条或粘结剂将地毯四周固定。

采用木卡条固定时,在靠墙脚的 1～2cm 处的地面上设木卡条,用螺丝将木卡条与地面固定。木卡条宽 2.5cm,上面即有二排朝天钉,第一排朝天钉与水平面成 75°角,另一排朝天钉与水平面成 60°角。

门口处地毯的敞边外装上门口压条,拆去暂时固定的螺丝。门口压条的厚度为 2cm 左右的铝合金材料,其形状如图 4-14 所示。使用时,将 18mm 的一面轻轻敲下,紧压住地毯面层,共 21mm 的一面应压在地毯之下。并与地面用螺丝加以固定。

(5)打扫地毯:用吸尘器清洁地毯上的灰尘。

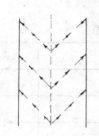
图 4-13 地毯张紧方向

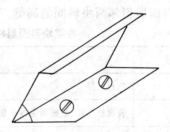
图 4-14 铝合金门口压条

第七节 楼地面工程的质量要求

一、楼地面工程验收规定

(1)地面与楼面工程验收,应检查所用的材料和完成的地面与楼面构造及其连接件是否符合设计要求和施工验收规范的规定;

(2)已完成的地面下的基土,各种防护层以及经过防腐处理的结构或连接件,在隐蔽以前,必须作中间验收,并填写隐蔽工程记录;

(3)已完工程的验收,应检查下列各项:

地面与楼面各层的坡度、厚度、标高和平整度是否符合设计规定;

地面与楼面各层的强度和密实度以及上下层结合是否牢固;

变形缝的宽度和位置,块材间缝隙的大小,以及填缝的质量等是否符合要求;

不同类型面层的结合,面层与墙和其他构筑物(地沟、管道等)的结合以及图案是否正确。

(4)混凝土、水泥砂浆和菱苦土等整体面层,不得在其未达到设计强度前进行验收。

二、楼地面工程的质量要求

(1)在铺设地面与楼面时应检查各层厚度对设计厚度的偏差,在个别地方其偏差不得大于该层厚度的 10%,以防止整个面层厚度加厚或减薄;

(2)混凝土、水泥砂浆、水磨石、钢屑水泥、菱苦土等整体面层和铺在水泥砂浆或沥青马蹄脂上的板块面层,以及铺贴在沥青胶结材料或胶结剂上的拼花木板、塑料板、硬质纤维板面层与下一层的结合是否良好,应用敲击方法检查,不得有空鼓;

(3)楼地面面层不应有裂纹、脱皮、麻面和表砂等现象。踏脚板与墙面应紧密贴合;

(4)面层中块料行列(接缝)在 5cm 长度内直线度的允许偏差不应大于表 4-5 的规定。

各类面层块料行列(接缝)直线度的允许偏差　　　　表 4-5

序　号	面　层　名　称	允许偏差(mm)
1	缸砖、陶瓷锦砖、水磨石板、水泥浆花砖、塑料板和硬质纤维面层	3
2	大理石板面层	2
3	其他块料面层	2

(5)块料面层相邻两块料间的高低,不应大于表 4-6 的规定。

各类块料面层相邻两块料的高低允许偏差　　　　表 4-6

序　号	块料面层名称	允许偏差(mm)
1	条石面层	1
2	普通粘土砖、缸砖和混凝土板面层	1.5
3	普通磨石板面层	1
4	陶瓷锦砖、水泥花砖、高级水磨石板、塑料板和硬质纤维板面层	0.5
5	大理石、木板、拼花木板面层和地涂布面层	—

(6)楼地面各层的表面平整度,应用 2m 长的直尺检查,如为斜面,则应用水平尺和样尺检查。各层表面对平面偏差,不应大于表 4-7 的规定。

(7)各层表面对水平面或对设计坡度的允许偏差,不应大于房间相对尺寸的 0.2%,但最大偏差不应大于 30mm。

供排除液体用的带有坡度的面层应作泼水检验,以能排除液体为合格。

地面与楼面各层表面平整度的允许偏差　　　　表 4-7

项次	地面与楼面各层	材　料　种　类		用 2m 直尺检查时的允许偏差(mm)
1	基土	土		15
2	垫层	砂、砂石、碎(卵)石、碎砖		15
		灰土、三合土、炉渣、混凝土		10
		毛地板	为地漆布和拼花木板面层	3
			为其它种类的面层	5
		木搁栅		3
3	找平层	用沥青玛琋脂做结合层铺设地漆布、挤花木板、板块和硬质纤维板面层		3
		用水泥砂浆做结合层铺设板块面层以及铺设防水层		5
		用粘结剂做结合层铺设拼花木板、塑料板和硬质纤维面层		3

项次	地面与楼面各层	材　料　种　类	用 2m 直尺检查时的允许偏差（mm）
4	面层	碎石、卵石	12
		块石、条石	10
		铺在砂上的普通粘土砖、灌石油沥青碎石	8
		铺在水泥砂浆结合层上的普通粘土砖	6
		混凝土、水泥砂浆、沥青石浆、沥青混凝土面层钢屑水泥和菱苦土等整体面层	4
		混凝土、红砖	4
		整体时及预制的普通水磨石，碎拼大理石，水泥花砖和木板面层	3
		整体的及预制的高级水磨石面层	2
		陶瓷锦砖、拼花木板、塑料板、硬质纤维板和地漆布	2
		大理石	1

注：直接在地面与楼面上安装机械设备和有特殊要求的面层表面平整度的允许偏差应符合设计要求。

复习思考题

1. 试述地面的分类和组成。

2. 混凝土面层施工应掌握哪些要点？

3. 木质地面有哪两种做法？实铺木地面有哪些操作要点？

4. 陶瓷地面施工步骤怎样？应注意哪些问题？

5. 大理石地面怎样施工？在施工前为什么先要将石材浸水？

6. 整体地面有哪些类型？各有什么特点？

7. 实体木地板有哪些做法？如何区别做法？

8. 卷材地面在铺贴时应注意哪些问题？

9. 楼地面的质量如何保证？

第五章 顶棚装饰工程

顶棚又称平顶,系指楼板以下部分,也是室内装饰部分之一。作为顶棚,要求表面光洁、美观,且能起反射光的作用,以改善室内的亮度和内部环境。

从形式看,顶棚多为水平式,但根据房间用途的不同,顶棚可作弧形、凹凸形、高低形和折线形等。使之形成丰富多变的内部空间。

第一节 直接式顶棚

直接式顶棚是指在楼板底面直接涂刷和抹灰,或者粘贴装饰材料。一般用于装饰要求不高的办公、住宅等建筑。直接式顶棚分直接喷、刷顶棚、直接式抹灰顶棚和直接粘贴式顶棚。

一、直接喷、刷顶棚

当楼板底面平整,装饰要求不高的建筑,可直接向上面喷浆或刷涂涂料。

(一)直接喷、刷顶棚施工工序

(1)清理基层。将基层表面的浮灰扫净,清理板底模板的填缝物以防刷浆后脱落。

(2)修补基层的平整度,如有缝隙及凹凸不平部位要填实抹平。

(3)分次涂刷,一般两遍成活。

(二)施工注意事项

(1)喷刷白浆、涂料一般在混凝土底板上进行。若为预制混凝土板,应用1∶3水泥砂浆将板的接缝抹平、扫净板底浮灰、砂浆等杂物。预制板安装时应调整好板底的平整度,不宜出现太大的偏差。现浇混凝土板要求底面平整,不应出现凹凸和麻面,但太光滑也不利于涂料粘着,所以应在喷刷前预先修补。

(2)板表面过分平滑时,可按照墙体装饰的办法,在色浆中加适量的羧甲基纤维素、107胶等,用以增加粘结效果,或间接选用粘结强度大的涂料。

(3)喷刷涂料由顶棚的一端开始,顺序和方法与墙面基本相同。要特别注意掌握好涂料的稠度,使板底既有覆盖,又不使其产生流坠。

二、直接式抹灰顶棚

(一)直接式抹灰顶棚施工工序

1.清理基层

对板底进行清理后,将板缝用水泥砂浆修补,待其干后,刷素水泥浆一道。刮抹不宜过厚,因过厚会导致抹灰剥离。然后抹粘结剂。

2.找平

一般分两次完成,第一遍抹8~10mm厚1∶0.5∶4.5水泥石灰砂浆或1∶1∶0.6混合砂浆,小房间可两人操作,从一边开始,用铁抹子将混合砂浆刮抹于板底,然后用木抹子搓平搓毛,待其有一定强度后再抹1∶1∶6的5mm厚混合砂浆,用木搓子搓平搓毛。当然也可抹

10～12mm 厚纸筋石灰砂浆,在潮湿房间可抹水泥砂浆。

3.做装饰线脚

在顶棚与墙体交接处,以及顶棚安放灯具处,在顶棚抹灰同时做一些线脚,具体做法视要求而定,可直接用抹灰工具阴角抹子即可做出。较复杂的线脚要用死模或活模做出。

4.喷抹

在抹灰完成后,抹灰表面往往喷刷大白浆或其他涂料。喷涂的方法同内墙面。

(二)施工注意事项

(1)钢筋混凝土模板顶棚抹灰时。要清理板底并刷水泥砂浆。

(2)抹灰前应先在四周墙面上画出水平线,以墙上水平线为基准,先抹顶棚四周,周边找平。

(3)纸筋灰用灰浆应事先筛滤,清除未化透的硬灰,以防抹灰后爆裂,而造成麻面。

(4)凡有灰线的房间,顶棚抹灰应在灰线抹完后进行。

(5)顶棚表面应顺平,并压光压实,不应有纹和气泡,揉搓不干现象,顶棚与墙面相交的阴角应成一条直线。

(6)混凝土楼板顶棚抹灰分层做法,见表5-1。

混凝土楼板顶棚抹灰分层做法

表 5-1

分 层 做 法	厚度(mm)
1.1∶0.5∶4水泥石灰砂浆打底(二遍)	8
2.纸筋灰罩面	2
1.1∶1水泥砂浆加2%醋酸乙稀乳液	2
2.1∶3∶9水泥石灰砂浆找平	6
3.纸筋罩面	2

三、直接粘贴式顶棚装饰施工

直接粘贴式顶棚有两种做法:一是将装饰材料在支模时铺于模板上,然后现浇混凝土,使装饰材料直接粘于混凝土上,拆模后即可作为装饰面层,这种饰面使用的是板材,象干抹灰板、压型钢板等。二是在混凝土构件安装和现浇混凝土拆模后,清理地面,以粘结剂把装饰面层粘上,这两种饰面使用的材料是干抹灰板、石膏板等。

第二节 悬吊式顶棚

在中高级建筑顶棚装饰中,通常采用悬吊式顶棚,这种顶棚在楼板、屋面板与顶棚装饰表面之间有一定的空间,在这个空间中,经常安装各种管道和设备(照明、空调、给排水、水喷淋、灭火器、烟感器),而且可利用空间高度的变化做成立体顶棚,顶棚的形式不必和结构层的形状相对应,见图5-1。

一、悬吊式顶棚的组成

悬吊式顶棚由三部分组成,即吊筋(钢筋吊杆、螺栓、木方),搁栅木、轻钢、铝等,面层(各种抹灰、各种装饰板材)。

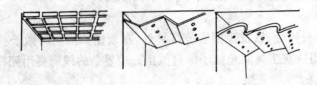

图 5-1 顶棚形状示意

（一）吊筋

吊筋是连接搁栅与楼板的承重构件，吊筋的形式与选用楼板的形式和搁栅的形式及材料有关，也与吊顶重量有关，常见的施工安装方式有以下几种：

1. 预制板缝中安装吊筋

（1）在预制板板缝中通长钢筋上，吊筋的一端从板缝中抽出，抽出长度视需要而定。若在此吊筋上再焊接螺栓吊筋，可用 φ12 筋伸出板底 100mm，见图 5-2。若以此吊筋直接与搁栅连接，一般用 φ6 或 φ8 钢筋，长度为板底到搁栅的高度再加上绑扎尺寸。

（2）在两个预制板板顶，横放 400mm 长 φ12 钢筋段，按吊筋间距，每 1200mm 左右放一个。在此钢筋段上连接吊筋并将板缝用细石混凝土灌实，其他见图 5-3。

2. 在现浇板上安放吊筋

（1）在现浇混凝土楼板时，按吊筋间距，将吊筋一端放在现浇层中，在木模板上钻孔，孔径稍大于钢筋直径，钢筋另一端从此孔中穿出。其他同在预制板中设吊筋方法（图 5-4）。

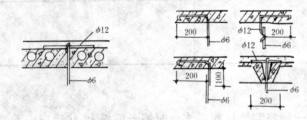

图 5-2　预制板上设吊筋　　　图 5-3　现浇板上设吊筋

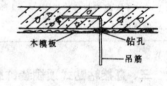

图 5-4　吊筋伸出模板方法

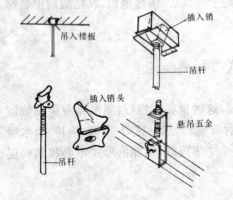

图 5-5　吊顶埋件

（2）在现浇混凝土时，先在模板上放置预埋件，待浇灌拆模后，在埋件上吊筋（图 5-5）。

（3）用射钉枪将射钉打入板底，在射钉上穿铜丝绑扎龙骨或射钉上焊接吊筋，但对于吊顶荷载较大的顶棚相应地应谨慎选用。

3. 在梁上设吊筋

（1）在木梁或木条上设吊筋，若钢筋吊筋，可直接绑上即可，若木吊筋，用铁钉将吊筋钉上，每个木吊筋不少于两个钉子（图 5-6）。

（2）在钢筋混凝土梁上设吊筋，可参照在现浇板上设吊筋的方法。也可在梁中设横向螺栓固定木吊筋（图 5-7）。

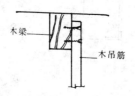

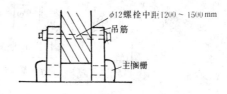

图 5-6　木梁上吊筋　　　　　图 5-7　钢筋混凝土梁上吊筋

（二）搁栅

搁栅是顶棚中承上启下的构件，它与吊筋连接，并为面层装饰板提供安装节点，普通的不上人顶棚一般用木搁栅、型钢或轻钢搁栅以及铝搁栅，上人顶棚的搁栅，因承载要求高，要用型钢或大断面木搁栅，然后在搁栅上做人行通道。在顶棚上安装管道以及大型设备的搁栅要加强。

1. 木搁栅

多用有板条抹灰和钢板网抹灰顶棚，因搁栅材料易燃，使用范围受到限制。若采纳必须在搁栅涂刷防火涂料。搁栅至搁栅中距为 1200～1500mm，矩形断面为 50mm×70～80mm。主搁栅与吊筋的连接方法为绑扎螺栓固定和铁钉钉牢。次搁栅中距为 400～600mm，断面为 40mm×40mm，50mm×50mm，主次搁栅之间用 30mm×30mm 木方铁钉连接。但铁钉切忌直接向上钉，以防荷载过重，只靠摩擦力承受不了而下塌。

2. 型钢搁栅

型钢主搁栅的中距为 1500～2000mm，一般选用槽钢，其型号应根据荷载的大小确定。次搁栅中距为 500～700mm，或根据面板尺寸确定，一般选用角钢、T 型钢或型铝，其型号根据设计确定，型钢搁栅与吊筋采用螺栓连接。主次搁栅之间采用卡子、弯钩螺栓或焊接连接。

（三）轻钢搁栅

轻钢搁栅又称轻龙骨，是采用薄壁型钢做成的，由于其自重轻，节约钢材、木材，因而在许多不上人顶棚上得到应用。常见做法是用 φ6 钢筋或带螺栓的 φ8 钢筋做吊筋，吊筋间距为 900～1200mm，再用各种吊件将主次搁栅联接在一起。所用吊件均镀锌或刷防锈膏，图 5-8 和轻钢搁栅相近的还有铝型材搁栅。

二、顶棚面层接缝处理

顶棚面层分湿抹灰面层与板材面层两大类。由于顶棚搁栅较高，抹灰施工不方便，而且施工速度慢，实际工程中利用各种板材面层的较多，它既便于施工，又便于管道、设备安装和检修，常用的板材有各种纤维板、胶合板、塑料板、石膏板、矿棉吸音板、金属板等。选用板材应考虑重量轻、防火、吸音、隔热、保温等要求，但更主要的是牢固可靠，装饰效果好，便于施工和检修拆装。

（一）面层接缝分类

面层板材接缝是根据搁栅形式和面层材料特性决定。

1. 对（拼）缝

板与板在搁栅处对接，此时板多为粘钉在搁栅上，缝处易有产生不平现象，需在板上间距不超过 206cm 钉钉，或用粘结剂粘紧，并对不平进行修整。如石膏板对缝可用创子刨平。对缝作法多用于裱糊、喷涂的面板。

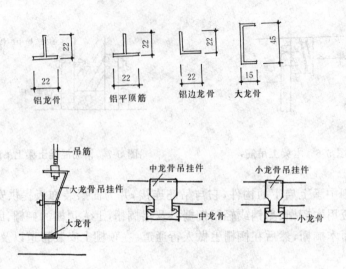

图 5-8　铝合金吊顶龙骨

2.凹缝

在两板接缝处利用面板的形状和长短做出凹缝,凹缝有 V 形和矩形两种。由板的形状形成的凹缝可不必另加处理,利用板的厚度形成的凹缝中可刷涂颜色,以强调顶棚线条和立体感,也可加金属饰板增强装饰效果。凹缝应不小于 10mm,或视设计而定(见图5-9)。

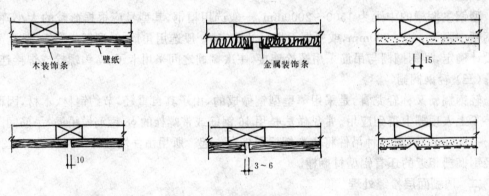

图 5-9　顶棚面层接缝

3.盖缝

板缝不直接暴露在外,而是用压条将板缝盖住,这样可避免缝隙宽窄不均现象,使板面线型更加强烈。盖缝的材料可以用铝合金或木条。

(二)面板与搁栅的连接

1.钉

用铁钉或螺钉将板固定于搁栅上,木搁栅一般用铁钉,铁钉最好转脚,型钢搁栅用螺钉,钉距视面板材料而异。适用于钉接的板材有石棉水泥板、钙塑板、胶合板、纤维板、铝板、木板、矿棉吸音板、石膏板。

2.粘

78

用各种粘结剂将板材粘结于搁栅或其他板材底层上。矿棉吸音板以用 1：1 水泥石膏粉加适量 107 胶，随调随用，成团状粘贴，钙塑板可用 401 胶粘贴在石膏板基层上。若采用粘钉结合的方式，则连接更为牢靠。

3. 搁

将面板直接搁于搁栅翼缘上，此种作法多为薄壁轻钢搁栅，铝合金搁栅等，各种板材均可用此做法。

4. 卡

用搁栅本身或另用卡具将板材卡在搁栅上，这种作法多用轻钢、型钢搁栅。板材为金属板材、石棉水泥板等。

5. 挂

利用金属挂钩搁栅将板材挂于其下，板材多为金属板材（见图 5-10）。

三、悬吊式顶棚的施工

（一）悬吊式抹灰顶棚

悬吊式抹灰顶棚有板条抹灰顶棚、板条钢板网抹灰顶棚、钢板网抹灰顶棚等。

1. 悬吊式抹灰顶棚施工工序

（1）弹线

按设计的吊顶高度，从已抹好的地面向上找出吊顶底面高度，在墙上取点、拉线，以水平尺检验无误后弹上，一个房间的四面弹线应一致、连贯。

（2）安装搁栅

首先检查吊筋位置是否符合悬吊搁栅的要求间距，不能有太大的误差和遗漏，如缺少吊筋，应用射钉枪射钉补充。钢筋吊筋与木搁栅连接用绑扎方法，或将钢筋端头打扁钉入木搁栅，钢制搁栅在量好吊筋尺寸后穿孔，带螺纹的吊筋伸入孔中后用螺栓拧紧，木吊筋直接钉在木梁或檩条上，木吊筋的长度应预先量好截取。安装搁栅时，要按墙体四周所弹水平线拉通线检验搁栅的平整度，需考虑 (3～5)/1000 的挠度，并做适当调整。

在主搁栅和主搁栅之间用木方、吊顶连接件联接。

（3）钉板条

将 30mm 宽的板条按间距 8～10mm 钉于次搁栅上，板条纵向连接点一定要求在搁栅上，间距 5mm 并错开接缝。若板条下钉钢板网，灰条间距可加大到 50～60mm。

（4）钉钢板网

在木搁栅上钉钢板网，将钢板网展开后，钉于次搁栅上即可。若为型钢搁栅，则要在搁栅下吊 400mm×400mm，ϕ6 钢筋网，然后将钢板网绑扎于 ϕ6 钢筋上。

（5）抹底灰

抹 3mm 厚麻刀灰作底灰，抹子运行方向应与板条长向垂直，用抹子将灰浆压入板缝中，紧跟着用水泥石灰砂浆压入第一道底灰中，然后抹 6mm 厚 1：3：9 水泥石灰砂浆或 1：2.5 石灰砂浆找平。

（6）罩面灰

待找平砂浆六七成干后，抹 2mm 厚纸筋灰罩面，罩面分三遍压实赶光。

2. 施工注意事项

（1）检查抹灰顶棚用材料是否合乎质量要求，如水泥标号，石灰熟练程度等。

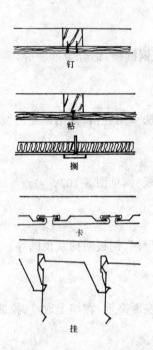

图 5-10　面层与搁栅连接方法

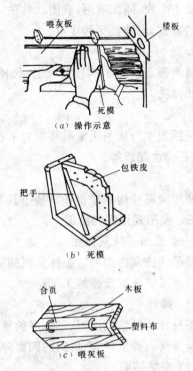

图 5-11　制作装饰线条用工具及操作方法

（2）墙上必须弹水平线,抹灰和安装搁栅均以此线为准。抹灰时应先抹灰搁栅四周,然后抹中间,这样易于水平。

（3）大面积抹灰应特别注意接槎平整厚薄均匀。顶棚与墙体交接处应做出装饰线条或用阴角抹子抹出小圆角。小圆角应在抹找平层时做出,使其弧度相等成一直线。图 5-11 所示为制作装饰线条用工具及操作方法。

（4）大面积无钢板网板条抹灰时,可在次搁栅上每隔 30cm 钉麻丝,麻丝长 25cm 拴在钉子上钉入次搁栅,八字分开抹入底灰,以增强抹灰与搁栅、板条的粘结,以防开裂、掉灰。

（二）悬吊式板材顶棚

顶棚板材范围很广,前面已经提到的钙塑板、石膏板、胶合板、纤维板、金属板、压力板、矿棉吸音板等各种板材,可以通过钉、挂、压、粘、搁连接在搁栅上。

1.悬吊式板材施工工序

（1）搁栅检查

安装板材前,应检查搁栅是否符合设计尺寸,有无变形、扭折痕迹或腐蚀现象。面板是否平整、洁净,其他配件是否齐全。

（2）弹线

根据设计规定的吊顶高度,用水平尺和墨线斗在四周墙上找水平、弹线。

（3）检查吊筋

检查吊筋位置和规格是否符合设计要求,位置偏差过大或遗漏吊筋,需补钉。若楼板施工时设有预埋吊筋,可按设计吊筋间距,用射钉枪将射钉射入板底,再将吊筋与射钉连接。吊顶较轻时,可用射钉穿 18 号铅丝做吊筋。

（4）安装搁栅

按设计给定的吊顶平面图,确定搁栅的位置和走向,在弹好的水平线上量好尺寸,逐段挂线,以确定搁栅的位置。

安装时,应先从中间开始,将非整板尺寸排在与墙体交接处,要先将主搁栅与吊筋连接,然后,将交搁栅与主搁栅连接。

（5）调整找平

搁栅连接好后,要按照墙体四周水平线,拉通线调整平整度,中间部位应稍有起拱,调整好后拧紧螺栓或绑扎好,此时搁栅应纵横向平直,间距准确,连接牢靠。

（6）安装面板

面板以搁、粘、钉、压、挂式中的两种方法同时使用更佳,与搁栅联在一起。

（7）板面裱糊或刷涂

有些面板表面仍需进一步装饰。如使用胶合板、石膏板、纤维板时,板面仍需刷油漆,喷涂料或裱壁纸。

2.施工注意事项

（1）悬吊式板材顶棚一定要按照顶棚设计图纸吊顶平面图,进行施工弹线、埋设吊筋、安放搁栅以及选用面板,不得随意改变吊筋的型式、搁栅的间距和面板的材料和规格,否则将造成板面分格与房间不协调。

（2）施工时,一定要拉出中心线,由中间向四周布设搁栅,将非整板和尺寸误差放在墙边,易于进行特殊处理,并能使顶棚面板布置对称。

（3）布设搁栅时要拉通线找平,因板材顶棚面层无调整高差的余地,搁栅不平将导致板面不平,最终影响板面平整度。吊顶在中间部位应略有起拱,以减弱顶棚压抑感。

（4）板面与搁栅可同时采用两种连接方式,如卡钉、粘钉等,以保证连接的可靠性,对于易变形的板材,如钙塑板,应注意使用压条或钉头点式压花,否则,使用一段时间后会因重力作用和变形导致钉头扯裂。采用粘结连接时搁栅下表面必须平整、洁净。

（5）纸面石膏板或胶合板等表面粘贴壁纸时,其粘贴用胶和施工作法基本同墙面,粘贴时先在顶棚距边墙少于壁纸幅宽 5mm 处弹线(或画粉笔线)。裁好的壁纸背面刷胶,刷胶后将壁纸反复折叠放清水中浸透,然后用长杆托起,对正弹线后,随铺随打开折叠,直到整幅壁纸贴好为止,然后修整墙边处多余壁纸或钉挂镜线。

（6）在顶棚与墙体交接处,边缘线条处理应更加注意。边缘线条一般另加装饰压条或由顶棚边缘凹入形成,装饰压条可与搁栅,也可与墙内预埋件连接,一般在板面安装后再加装饰压条,但也有先装装饰压条,后装板面的,所以,应参照施工图节点,确定施工顺序。见图5-12。

第三节　与顶棚有关的设备安装及特殊部位处理

一、灯具安装

顶棚上的灯具分吊灯、吸顶灯、投射灯、发光灯槽和发光顶棚。这些灯具形式,因采光要求不同和环境气氛需要而不同,其安装方法有所不同。

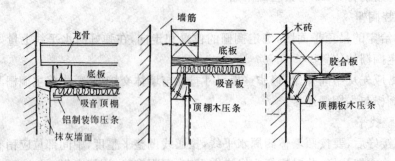

图 5-12 顶棚装饰压条

(一)吊灯安装

大的吊灯应安装于结构层上,如楼板、屋架下弦或梁上,小的吊灯常安装在搁栅上或补强搁栅上。无论单个吊灯或组合吊灯,都由灯具厂一次配套生产,所不同的是,单个吊灯可直接安装,组合吊灯要组合安装或安装时组合。吊灯还应包括以吊杆悬吊灯箱和灯架的形式,多用于大面积和带形照明。

1.吊杆、吊索与结构层的连接

(1)施工方法

1)先在结构层中预埋铁件或木砖。埋设位置应准确,并应有足够的调整余地。

2)在铁件和木砖上设过渡连接,以便调整埋件误差。可与埋件钉、焊、拧穿。

3)吊杆、吊索与过渡连接件连接。

(2)注意事项

1)安装时如有多个吊灯,应注意它们的位置、长短关系以及重量,可在安装顶棚同时安装吊灯,这样可以吊顶搁栅为依据,调整灯的位置和高低。

2)吊杆出顶棚顶面可用直接出法和加套管的方法。加套管的做法有利于安装,可保证顶棚面板完整,仅在需要山管的位置钻孔即可。直接出顶棚的吊杆,安装时板面钻孔不易找正。有时可能要采用先安装吊杆再截断面板挖孔安装的方法,对装饰效果有影响(见图5-13)。

3)吊杆应有一定长度的螺纹,以备调节高低用。吊索吊杆下面悬吊灯箱,应注意连接的可靠性。

2.吊杆吊索与搁栅连接

吊杆吊索直接钉、拧于次搁栅上,或采用上述板面穿孔的方法连接在主搁栅上。或吊于次搁栅间另加的十字搁栅(图5-14)。

图 5-13 吊杆出顶棚板示意　　　图 5-14 吊杆与搁栅连接示意图

(二)吸顶灯

小吸顶灯一般仅装在搁栅上,大吸顶灯安装时则采用在混凝土板中伸出支承铁架、铁件连接的方法。

1.吸顶灯施工工序

(1)按吸顶灯开口大小将小搁栅围合成孔洞边框,此边框既为灯具提供连接点,也作为抹灰间层收头和板材面层的连接点。边框一般为矩形。大的吸顶灯可在局部补强部位加斜撑做成圆开口或方开口(见图5-15)。

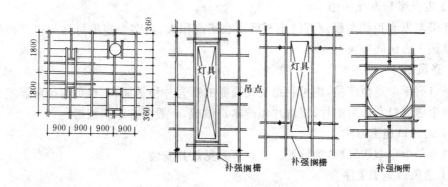

图 5-15　顶棚灯具开口示意

(2)小型吸顶灯直接与搁栅连接即可,大型吸顶灯要从结构层单设吊筋,在楼板施工时就应把吊筋埋上,埋设方法同吊顶埋筋方法。埋筋的位置要求准确,但施工中不可避免有一定误差,为使灯具安装位置准确,在与灯具上支承件相同的位置另吊搁栅(见图5-16)。

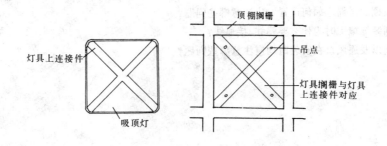

图 5-16　灯具安装示意

搁栅与吊筋连接,下与灯具上的支承件连接,这样即可保证吸顶灯牢固安全,又可保证位置准确。

(3)建筑化吸顶灯:常常采用非一次成品灯具,而是用普通的日光灯、白炽灯外加格板玻璃、有机玻璃、聚苯乙稀塑料晶体片等,组装成大面积吸顶灯。其安装程序是:1)加补强物件,加边框开口。2)将承托、固定玻璃的吊杆、吊件与搁栅或补强搁栅连接。3)安装灯具。4)安装玻璃。由于它不是一次定型构件,安装时调整好尺寸和平整度是很重要的。在搁栅水平或方正的前提下,一个顶棚的同一种灯具所用的吊杆、边框和螺栓的规格要一致。

2.吸顶灯安装注意事项

（1）施工前应了解灯具的形式（定型产品、组装式）、大小、连接构造，以便确定埋件位置和开口位置及大小。重量大的吸顶灯要单独埋吊筋，不可用射钉后补吊筋。

（2）吸顶灯与顶棚面板交接处，吸顶灯的边缘构件应压住面板或遮盖面板板缝，在大面积或长条板上安装点式吸顶灯，采用曲线锯挖孔。

（3）组装式吸顶灯玻璃面，可选用菱形玻璃片、聚苯乙烯晶体片，或对普通玻璃，有机玻璃进行车、磨等表面处理，以增加折射和减小透射率，避免暗光。

（三）发光带和发光顶棚

发光带与发光顶棚与吸顶灯的主要区别在于面积大，由多个定型灯具与建筑构件组合而成。其施工方法同吸顶灯。

二、送风口

送风口有单个定型产品，也可利用发光顶棚的折光片作送风口，也可与扬声器组合成送风口。单个送风口常常用铝片、塑料片和薄木片做成，一般为方形或圆形。

（一）送风口施工方法

材料为单个定型送风口，螺钉筋。工具可参见灯具安装。

（二）送风口施工工序

（1）选好送风口产品，按产品规格和暖通要求决定的位置做搁栅边框，圆形送风口边框应刮成斜边，边框规格不小于次搁栅规格。

（2）将送风口用木螺钉或铁钉拧钉于边框上，钉着点在送风口格片上时，应先装送风口，再安装通风管罩，钉着点在格片下时可先安装通风管罩再安装送风口。

复 习 思 考 题

1.顶棚有哪些功能，有哪些基本形式？

2.悬吊式顶棚的吊筋应如何设置？应注意哪些问题？

3.进行顶棚装饰施工时为什么要弹线、接通线？

4.各种灯具以及通风口在安装时均应注意哪些问题？

第六章 门窗装饰工程

门和窗是房屋围护结构中的重要部分。其次,窗还起到采光、通风、接受日照;门起到分隔空间的作用。如果门窗选择恰当,制作美观,安装精细、还对整幢建筑起到画龙点睛的作用。

第一节 门窗的组成和分类

一、门的分类和组成

(一)门的分类

门按所在位置分为外门和内门;按材料分为木门、钢门、玻璃门、铝合金门、塑料门等;按开启方式分为平开门、弹簧门、推拉门、折叠门、转门等。门的开启方式见图6-1。

目前采用最多的是平开门。平开门水平开启,铰链安装在侧边,有单扇、双扇,内开、外开之分。平开门构造简单,开启灵活,制作、安装和维修均较方便。

(二)门的组成

平开木门由门框、门扇组成,有的还有贴脸(门头线)、筒子板等部分。门框和门扇之间用铰链连接,门扇上还要安装供开关固定用的门用五金。门的组成见图6-2。

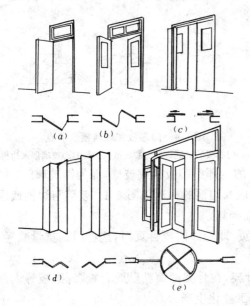

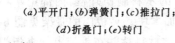

图 6-1 门的开启方式

(a)平开门;(b)弹簧门;(c)推拉门;

(d)折叠门;(e)转门

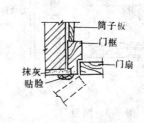

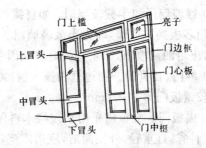

图 6-2 门的组成

1.门框

门框由两根边框和上槛、下槛、中槛组成,高度较小的门没有中槛,内门一般不设下槛。有保温、防风、防水、防风沙和隔声要求的门应设下槛。

门框的断面形状与窗框相似,但断面尺寸较大,如普通住宅的单扇门的门框约为60mm×90mm,双扇门为60mm×100mm等。

门框和墙的连接,与窗框和墙的连接基本相同,除次要的门和尺寸较小的门外,门框均应采用立口(立樘)作法。

2.门扇

门的名称是由门扇的名称决定的,门扇名称反映了它的构造。

(1)镶板门。这是最常见的一种门扇。门扇的骨架(边框)由上、下冒头和两根边梃组成,有时有中冒头,骨架中镶填门芯板,见图6-3。门芯板用厚度为10～15mm的木板拼成整块。门芯板与骨架内缘之间应有一定空隙,避免和使用时门芯板吸水膨胀起鼓。门芯板也可以采用胶合板、纤维板等材料。门芯板镶入骨架,冒头和边梃均应裁口,或用木条压钉,见图6-4。镶板的拼缝处理见图6-4。

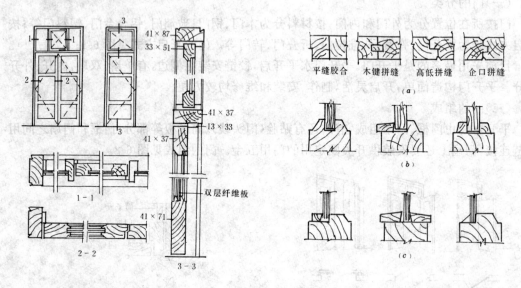

图6-3 镶板门

图6-4 门芯板和玻璃镶嵌节点

(a)门芯板的拼缝;(b)门芯板嵌入边框;(c)玻璃嵌入边框

(2)镶玻璃门和半截玻璃门。如将镶板门中的全部门芯板换成玻璃,即为镶玻璃门。如将部分门芯板换成玻璃,即为半截玻璃门。玻璃嵌入边框的构造见图6-4。玻璃与边框或压条之间,应用油灰填塞,防止开关时玻璃因受振而损坏。

(3)纱门、百页门。在边框内镶入窗纱或百页,即为纱门或百页门,这种门因重量减轻,门料可较镶板门薄5～10mm。

(4)夹板门。夹板门采用小规格木料做成骨架,在骨架两面粘贴胶合板、纤维板等人造板材,用料省,自重轻,外型简洁,应用广泛,便于工业化生产。

夹板门的骨架,一般用厚32～35mm、宽34～60mm的木料制作外框,内部用木料做成格形纵横肋条,肋距约为200～400mm,装门锁处需另附加木块。夹板门的骨架见图6-5。

夹板门的面板一般为胶合板、纤维板或塑料板,用胶结材料粘贴在骨架上。夹板门的四周一般采用15～20mm厚的木板包边,或由骨架裁口挡住面板边缘,以确保坚固和整齐美

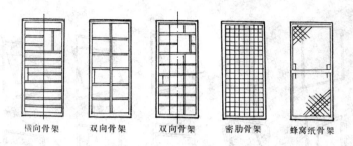

横向骨架　　　双向骨架　　　双向骨架　　　密肋骨架　　　蜂窝纸骨架

图 6-5　夹板门的骨架

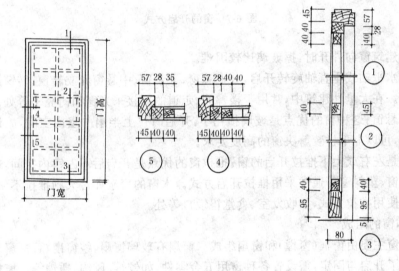

图 6-6　夹板门

观。夹板门的构造见图 6-6。

二、窗的分类和组成

（一）窗的分类

窗按所用材料分为木窗、钢窗、铝合金窗、玻璃钢窗、塑料窗和预应力钢丝水泥窗等,当前大量采用的是木窗和钢窗。木窗制作方便,目前还在大量采用,但窗料断面大,消耗木材多。我国的木材资源不多,因而要节约木材,尽量以钢窗代替木窗。钢窗采光效率高,防火性能好,但是密闭性能、保温性能等方面还存在一些问题,有待于进一步改进。

按开启方式,窗可分为平开窗、固定窗、转窗(上悬、下悬、中悬、立转)和推拉窗四种基本类型,此外还有滑轴、折叠等开启方式。窗的开启方式见图 6-7。

固定窗一般不设窗扇,将玻璃直接镶嵌在窗框上(也有的设窗扇,将窗扇固定在框上)。固定窗只供采光,通常用于走道和一般不宜开启的窗的固定部位。

平开窗是最常用的窗,窗扇用铰链(合页)与窗框连接,可以向外或向内开启。向外开有利于防止雨水流入室内,且不占室内空间,采用较广。但是,在设双层窗时,里层窗必须内开。

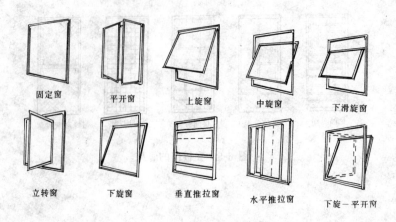

固定窗　　　平开窗　　　上旋窗　　　中旋窗　　　下滑旋窗

立转窗　　　下旋窗　　　垂直推拉窗　　水平推拉窗　　下旋－平开窗

图 6-7　窗的开启方式

多层及高层建筑窗向外开时,擦玻璃比较困难。

　　转窗绕水平轴或垂直轴旋转开启,分上悬窗、下悬窗、中悬窗和立转窗。转窗通常用于大型公共建筑。在大量性建筑中,常用于楼梯间、走道的间接采光窗和门亮子等处。其中较多采用的是中悬窗;这种窗的优点是玻璃损耗小,开启时仅上半扇占室内空间,故设计时每扇窗不宜过高,可以上下拼装解决窗的高度要求。

　　推拉窗是左右或上下推拉开启的窗。推拉窗的优点是开启后不占室内空间,玻璃损耗也小。铝合金窗、塑料窗等通常采用推拉开启方式。木窗的窗扇如过大则推拉不便,故只有较小的木窗才使用推拉方式,如收发室、食堂售饭口等处。

　　(二)木窗的组成

　　平开木窗主要由窗框(窗樘)和窗扇组成。窗扇有玻璃窗扇、纱窗扇、百页窗扇等。窗扇与窗框间为了开启与固定,需设置各种窗用五金零件,如铰链、风钩、插销等。窗框和墙的连接处,根据不同的装修要求,有时要设置窗台板、贴脸等。平开木窗的组成见图 6-8。

　　1.窗框

　　窗框也称窗樘,它固定在墙上用以悬挂窗扇。它由上槛、中槛、下槛、边槛、中挺等榫接而成,上下槛每边比窗宽各长 100mm 砌入墙内,以便使窗框与墙连接牢固。

　　(1)窗框的断面形状与尺寸。一般窗的窗框断面尺寸为经验数据,各地都不相同。单层窗窗框的上、下槛和边框用料厚度约为 60mm 左右,用料宽度 70~100mm。用料须刨光,其净料尺寸,单面刨光按刨去 3mm 计算,双面刨光按刨去 5mm 计算。施工图上所注写的尺寸均为净料尺寸。

　　双层窗的窗框用一块料时,料的尺寸要加大。为了节约木材,双层窗经常是每层窗设一个窗框,这种作法的窗框用料尺寸和单层窗一样。

　　(2)窗框构造。窗框要铲去深约 12mm 宽与窗扇料厚度相等的铲口,以便镶嵌窗扇,窗框与墙接触的面应在两角铲出灰口,抹灰时用灰浆填塞,使窗框与墙接缝严密。

　　2.窗框与墙的连接

　　施工时窗框的安装方法分为立口(站口)和塞口两种。安装方式不同,窗框与墙的连接构造也不同。

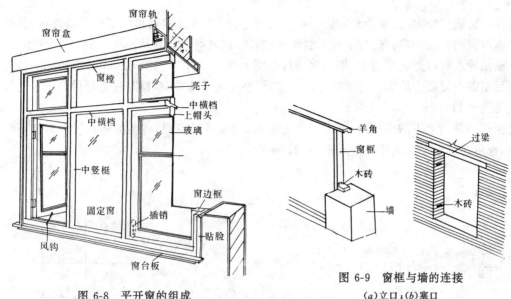

图 6-8 平开窗的组成

图 6-9 窗框与墙的连接
(a)立口；(b)塞口

立口也叫站口或立樘子，是当墙砌至窗台标高时，把窗框立在相应位置，而后砌墙。窗框上、下槛伸出的长度（羊角）砌入墙内。在边框外侧每隔500～700mm设一块木砖，它可以用鸽尾榫与窗框拉结，见图6-9，也可以用铁钉钉在窗框上。所有砌入墙内的木砖和与墙接触的木材面，均应涂刷沥青进行防腐处理。在北方地区，为了防止窗框与砖墙之间的缝隙散失热量，还要在框的四周加钉一层毛毡。这种做法使墙与窗框的连接紧密、牢固。

塞口是在砌墙时先留出比窗框周围大的洞口（一般高、宽各比窗框大30～50mm），以后将窗框塞入洞口中也叫塞樘子。为了使窗框与墙连接，砌墙时在窗洞两侧沿高度每隔500～700mm砌入一块经过防腐处理的木砖，用铁钉将窗框固定在木砖上，周围缝隙用毛毡和灰浆填塞，见图6-9。

第二节 钢木门窗的制作与安装

一、钢门窗的安装

目前，我国常用的钢门窗，一般是由工厂生产的，按材料钢门窗有空、实腹两种。在普通民用建筑中以空腹钢门窗较多。目前国内有很多工厂能够生产钢门窗。门窗材料基本是一致的，仅在细部构造上略有差别。

实腹和空腹钢窗都是25mm和32mm宽的窗料，空腹钢门窗料是用1.2mm厚的薄壁钢材辗压而成，具有刚度大，节约材料的特点，但其耐腐性和密闭性较差。有腐蚀性介质产生的房间应慎重选用，如实验室。空腹钢门窗的密闭性可以用嵌橡皮条加以解决。

1.铁脚与洞口的连接

钢门窗安装一般为塞口，即在砌筑墙体时预留门窗洞口，后装门窗。每一钢门窗（特殊门窗除外）在其侧边框上都可以安装铁脚，利用铁脚埋入侧壁留孔，或与预埋铁件焊接，使门窗与洞口固定。铁脚也称鱼尾铁，是根据其形状命名的。铁脚与洞口的连接形式见图6-10。要注意在洞口上按铁脚位置留洞和埋铁件。

2.横档、竖樘与洞口和门窗框的连接

在门窗洞口较大时，单个基本窗不能满足要求，往往通过横档和竖梃与洞口连接，并将数个基本窗组合在一起。这对于加工制作、运输、抵抗风荷载均有利。

横档埋入洞口侧墙或墙上。埋入侧墙可在墙上留洞，洞口尺寸为120mm×180mm，伸入横档后用细石混凝土灌实。若横档与柱连接，可在柱上留埋件，横档与柱上埋件焊接。连接做法见图6-11。

竖梃与洞口上下的连接为：下面窗台上留洞，上面过梁留洞，将竖梃伸入后再灌细石混凝土，也可在过梁上埋铁件焊接见图6-12。

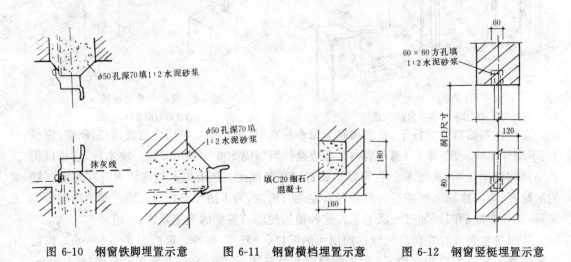

图 6-10 钢窗铁脚埋置示意　　　图 6-11 钢窗横档埋置示意　　　图 6-12 钢窗竖梃埋置示意

值得注意的是，钢窗在工厂生产运到工地后必须进行一次校正，待安装后再进行一次校正，然后再安装玻璃，千万不可在玻璃安装后校正，以防损坏玻璃。

二、木门窗的制作安装

木门窗的制作一般在现成的木工间即可完成。各地都有木门窗标准图供选用和制作参考。木门窗安装分立口和塞口两种，施工方法极简单，故从略。木门窗所用木材主要有松和杉两大类，松以东北的红松为佳，黄松、白松次之；杉木产地较广，质软多节，不适油漆。一些高标准的门窗，如需显示纹理或雕花，则应选用其他木材，如水曲柳、黄波罗、桦木等。

第三节　铝合金门窗的制作与安装

在目前我国的高级建筑和中档建筑中，大部分都采用铝合金门窗。但国内至今各厂家尚无统一规格。各种型材的壁厚、质量、刚度略有差别，但都经过挤压成形和表面处理制成了我们现在大量应用的铝合金门窗材料。它们都具有质轻，物理化学性能好，色彩美观，便于组装的特点。铝合金门窗的应用日益之广，现在已发展到普通的民用建筑。

铝合金门窗质量轻，仅是钢木门窗质量的一半。由于加工制作精度较高，断面设计考虑了气候影响以和功能要求，因而有良好的气密、水密性能及保温、隔热的特性，为了防止铝型材长期使用造成腐蚀，型材表面处理成防腐保护层，保护层呈银白、黑、古铜、暗红等以及静电喷涂的种种颜色，并可带有花纹，起到了装饰作用。铝合金型材质地细腻，线条挺直，色调柔和,制作成的门窗新颖大方,坚固耐用。与铝合金门窗型材配套生产的其他零件如密封条,尼龙毛刷,门窗小五金等,更增加了它的合理性和通用性。

为了减少因运输过程中造成的成品变形,碰撞以及存效期间因受压等产生变形,铝合金门窗也可在现场制作。

一、铝合金门窗的制作

(一)施工准备

1.材料

各种规格铝型材,门锁、滑轮、不锈钢、螺钉、铝制拉铆钉、连接铁板、地弹簧、玻璃尼龙毛刷、压条、橡皮条、玻璃胶、木楔子。

2.工具

曲线锯、切割机、手电锯、射钉枪、扳手、半步扳手、角尺、吊线锤、打胶筒、锤子、水平尺、玻璃吸手等。

(二)门窗扇制作

1.选料下料

铝合金的规格通常有 50mm×70mm、50mm×100mm、100mm×25mm,选料时要考虑表面色彩、料型、壁厚等因素,以保证足够的刚度、强度和装饰性。每一种铝合金型材都有其特点和使用部位,如推拉、平开、自动门窗所采用的型材规格各不相同。确认的材料及其使用部位后,要按设计尺寸进行下料。在一般建筑工程中,铝合金门窗无详图设计,仅给出门窗洞口尺寸和门窗扇划分尺寸。下料时,要在洞口尺寸中减掉安装缝、门窗框尺寸,其余按扇数均分调整大小。下料原则是:竖梃通长满门扇高度尺寸,横档截断,即按门扇宽度,减去两个竖梃宽度。切割时要将切割机安装合金锯片,严格按下料尺寸切割。

2.门窗扇组装

(1)竖梃钻孔:在竖梃上拟安装横档部位用手电钻钻孔,用钢筋螺栓连接钻孔在安装部位中间,孔径大于钢筋直径。角铝连接部位靠上或靠下,视角铝规格而定,角铝规格可用 22mm×22mm,钻孔可在上下 10mm 处,钻孔直径小于自攻螺栓。两边梃的钻孔部位应一致,否则横档将不平。

(2)门扇节点固定:上下横档(上下冒头)一般用套螺纹的钢筋固定,中横档(冒头)用角铝自攻螺栓固定,先将角铝用自攻螺栓连接在两边梃上,上下冒边中穿入套扣钢筋;套扣钢筋从钻孔中伸入边梃,中横档套在角铝上。用半步扳手将上下冒头用螺母拧紧,中横档再用手电钻上下钻孔,自攻螺栓挤紧。

(3)锁孔和拉手安装

在拟安装的门锁部位用手电钻钻孔,再伸入曲线锯切割成锁孔形状,在门边梃上,门锁两侧要对正,为了保证安装精度,一般在门扇安装后再装门锁。

(三)铝合门窗框制作

1.门窗框钻孔组装

在安装门窗的上框和中框部位的边框上,钻孔安装角铝,方法同门窗扇。然后将中、上框套在角铝上,用自攻螺栓固定。

2.设连接件

在门窗框上,左右设扁铁连接件,扁铁与门框上用自改螺栓拧紧,安装间距为150～

200mm，视料情况和与墙体的间距，扁铁做成平的，也可做成 π 字形的。连接方法视墙体内埋件情况而定。

二、铝合金门窗的安装

1. 安框

将组装好的门窗框在抹灰前立于门口处，用吊线锤吊直，然后卡方，以两条对角线相连为佳。安放在樘口内适当位置（即与外墙边线水平、与墙内预埋件对正，一般在墙中），用木楔子将三边固定。在认定门窗框水平、垂直，无扭曲后，用射钉枪将射钉打入柱、墙、梁上，将连接件与框固定在墙、柱、梁上，框的下部要埋入地面或窗台，埋入深度为 30～150mm。

2. 塞缝

门窗框固定好后，复查平整及垂直度，再扫清边框处浮土，洒水润湿基层，用 1：2 水泥砂浆将门口与门框间的缝隙分层填实。待塞灰达到一定强度后，拨去木楔，抹平表面。

3. 装扇

扇与框是按照同一门窗洞口尺寸制作的，一般情况下，都能安装上，但要求周边密封，开闭灵活。门的开启分内外平开门、弹簧门、推拉门、自动推拉门。内外平开门在门上框钻孔伸入门轴，门下地面埋设地脚，装置门轴，弹簧门上部做法同平开门，门框中安上门轴，下部埋设地弹簧，地面需预先留洞或后开洞，地弹簧埋设后要与地面平齐，然后灌细石混凝土，抹、贴地面层。地弹簧的摇臂与门扇下冒头两侧拧紧。见图 6-13。推拉门要在上框内做导轨和滑轮，也有在地面上做导轨，在门扇下冒头做滑轮的。自动门的控制装置有脚踏式，装于地面上。光电感应控制开关的设备装于上框上。

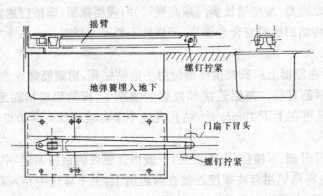

图 6-13　铝合金门地弹簧装置

4. 装玻璃

玻璃应配合门窗料的规格色彩选用。安装 5～10mm 厚浮法玻璃或彩色玻璃及 10～22mm 厚中空玻璃。首先按照门窗扇的内口实际尺寸合理计划用料，尽量少产生边角废料，裁割前可比实际尺寸少 3mm，以利安装。裁割后，分类堆放，小面积安装不随裁随安。

安装时选撕去门框的保护和胶纸，在型材安装玻璃部位安塞橡胶带，用玻璃吸手安入平板玻璃，前后垫实，使缝隙一致，然后再塞入橡胶条密封，或用铝压条拧十字圆头螺丝固定。

5. 打胶，清理

大片玻璃与框、扇接缝处，要用玻璃胶筒打入玻璃胶，整个门安装好后，以干净抹布擦洗表面，清盲干净后交付使用。

三、铝合金门窗施工注意事项

（1）注意选用合适的型材系列，减轻重量，减少浪费，满足强度、耐腐蚀及密闭性要求。

（2）制作框扇的型材表面不能有沾污、碰伤的痕迹，不能使用扭曲变形的型材。

（3）施工前应检查门窗附件是否齐全，如尼龙密封条、滑轮等，以及工具是否齐全。

（4）铝合金门窗的尺寸一定要准确。尤其是框扇之间的尺寸关系，并应保证框与洞口的安装缝隙，上下框距洞口边 15～18mm，并应注意窗台板的安装位置，两侧要留 20～30mm。

（5）门窗锁与拉手等小五金可在门窗扇入框后再组装，这样有利于对正位置。

第四节　塑料门窗的安装

我国推广塑料门窗是在 70 年代。

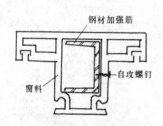

图 6-14　塑料窗料钢材加强示意

塑料门窗线条清晰、挺拔、造型美观、表面光洁细腻，不但具有良好的装饰性，而且其防腐、密封、隔热和力学性能也很好，表面无需油漆。在我国，发展塑料门窗大有前途。

国外塑料门窗材料均用改性聚氯乙烯，国内是以聚氯乙烯树脂为基料，以轻质碳酸钙做填料，掺以少量添加剂，采用挤压成形的办法制成的空腹门窗材料。因塑料的变形大刚度差，一般在空腔内加入木条或型钢，以增加抗弯曲能力。见图 6-14。

一、施工准备

（一）材料

塑料门窗框、扇，均为工厂制作成品，配件有膨胀螺丝、镀锌固定铁、连接件、密封条等。

（二）工具

冲击钻，螺丝刀，锤子，线坠，木楔。

二、操作程序

1. 抄平放线

为了保证门窗安装位置准确、外观整齐，安装门窗时要抄平放线。先通长拉水平线，用墨线弹在侧壁上，多层楼层从顶层洞口找中，吊垂线弹窗中线。单个门窗可现场用线坠吊直。

2. 安装定位

安装前应将镀锌固定铁根据铰链位置和具体情况，按照 500mm 间距提前嵌入窗框处槽内。找好塑料窗本身中线，放入洞口，与洞口侧壁弹线按中线对正找平后，用对称木楔内处塞紧，确定固定后拉对角线，调整窗位置。

3. 取扇固定

门窗定位后，可取下扇做好标记存放备用。在砖墙上用电锤打洞装入中号塑料膨胀螺丝，用木螺丝将镀锌铁固定于膨胀螺丝上，使铁件与门窗框和墙保持牢固的连接。

4. 塞缝抹口

在框上与洞口之间应塞入油毡条或浸油麻纱，以保证窗框有伸缩余地，抹灰时灰口包住塑料窗框。

5. 安装玻璃

内外墙饰面完成后,将玻璃用压条压在扇上,按原有标记的位置将扇安在框上,并在铰链内滴机油润滑剂即完成安装。

三、施工注意事项

1. 塑料门窗在运输时要注意保护,每樘窗要软用线毡隔开,下面用方木垫平,竖直靠立。每五樘扎在一起,装卸时要轻拿轻放。存放地点应远离热源,基地平整、坚实,防止因地面不平或沉降造成门窗扭曲变形,最好放在室内,并加盖篷布。

2. 窗的尺寸过大时,不用小窗组合,在两樘之间,用 50mm×60mm 扁铁与窗框连接,扁铁上端与过梁预埋铁件焊接,下端插入砌于墙体的 600mm×240mm×240mm 混凝土墩内,或焊在预埋件上。竖框扁铁安装前应先按 400mm 间距钻连接孔,除锈刷防锈漆二道,外露部分刷白色漆二道,然后用 φ6 螺丝将两窗连拉成整体。

复习思考题

1. 试述门窗的分类和组成。

2. 制作铝合金门窗的操作程序是什么?

3. 如何进行铝合金门窗安装?

4. 如何进行塑料门窗安装?

5. 各种门窗施工应注意哪些事项?

第七章　店面装饰工程

店面装饰工程主要指店铺入口处的雨篷、墙面、灯箱、厨窗等的装饰。近年来,随着城乡经济贸易的发展,商贸中心、餐厅、酒店等相继建成,并对一些原有的旧建筑也要进行重新装饰处理,以增加商业气氛。因此,店面装饰形成了装饰施工中的一个特殊门类。

第一节　招牌的制作与安装

一、招牌的作用与分类

1.招牌的作用

招牌是一家店铺的标志,它表示一家店铺的经营范围和特点以及显示该建筑的内部功能,具有较强的广告性。因此,招牌直接代表一家店铺的形象。同时它对美化城市环境,改善周围街面的商业气氛都有一定的意义。

2.招牌的分类

招牌接受力分:悬挑式、吊挂式。

店面的招牌根据其形式可分为雨篷式、灯箱式和单独字面式三种。

(1)雨篷式招牌。雨篷式招牌是与该建筑入口处的雨篷结合一起,既起到招牌作用,又起到雨篷作用的一种店面装饰,它以金属型材和木材作为骨架,以胶合板、有机玻璃、铝塑板及其他材料作为面板,以有机玻璃、金属装饰片(铜、铝板或不锈钢)、泡沫塑料等制作图案。

(2)灯箱式招牌。灯箱是悬挂在立面或其他支承物件上装有灯具的招牌。它比雨篷式招牌具有更多的观赏性,有更强的装饰效果。特别是到夜晚,不同的灯光色彩更能起到广告作用。

(3)单独字面式招牌。单独字面招牌是由有机玻璃、金属片(铜、铝合金或不锈钢片)、厚泡沫等材料制作字样或图案直接安装在墙面上的招牌。这种招牌具有简洁、施工方便等优点。对于街道面较窄,不宜做悬挑招牌的墙面,具有明显的效果。

二、招牌的制作与安装

(一)雨篷式招牌制作与安装

1.制作边框

边框是雨篷式招牌的主要受力构件,边框一般由角钢、木方组成。它的制作步骤是:

(1)下料:按设计要求的材料选料,一般用∟30×3角钢、∟50×5角钢,用型材切割机或小钢锯按要求尺寸切割。

(2)边框组装:将已下好的型钢料用焊接的方法连在一起,也可要螺栓连接,连接时用电钻钻孔,拧入螺栓。

(3)装木条:在边框的下面,为安放雨篷顶板要安放木条。在边框的前面为安装面板或做贴面材料也需安装小方木条。安放木条时,要在型钢上和木条上钻孔,用螺栓拧紧。

2.埋设埋件、做埋设孔

在拟安装边框的部位,墙体中要埋入木砖或铁件,这种雨篷式招牌,通常都是后安装上去的,因此很少预先埋件,在安装时要在墙体上用电锤开通孔,用螺栓穿过通孔和边框上的钻孔拧紧(见图 7-1)。如果招牌的重量不大,可在墙上开浅洞,用铁锤打入木楔,再用大铁钉将边框钉在木楔上,见图 7-2。也可要射钉枪将边框与墙体用射钉连接。

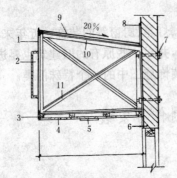
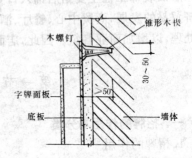

图 7-1 雨篷式招牌构造示意

1—饰面材料;2—店招字牌;3—40mm×50mm 吊顶木筋;
4—天棚饰面;5—吸顶灯;6—外墙;7—φ10×12 螺杆;
8—26 号镀锌铁皮泛水;9—玻璃钢瓦;10—∟30×3 角钢;
11—角钢剪刀撑

图 7-2 招牌与墙体连接示意

3.安装面板

在边框与墙体固定以后,要进行面板安装。在边框上部,用镀锌铁皮、玻璃钢瓦、压型钢板等做盖顶,要注意这些材料之间的搭接及这些材料与墙体的连接,防止雨水漏入,影响下部吊顶。

在边框的下部,要做吊顶和安放灯具。吊顶的做法和材料选要基本同室内吊顶,常用的材料有灰板条抹灰、钙塑板、铝镁曲板、彩色玻璃等。

边框侧边的面板是雨篷式招牌,是重点处理的部位。

(1) 板材面板:金属压型板、铝镁曲板可直接钉在边框上的木条上,然后在板顶加型铝压条。金属平板一般要再加衬底,衬板为胶合板,将胶合板钉在边框上的木方上,钉头钉入板内;然后用砂纸打磨平整,扫去浮灰,在板面刷胶结剂如环氧树脂、520 胶、白胶等,刷胶后将金属片板贴上。有机玻璃面板在尺寸较大时也要做衬板,方法同金属平板。

(2) 块材面板:块材面板多用面砖、马赛克和大理石薄板。首先应在边框上打木板条,板条间距 30～50mm,接着在板条上钉钢丝网,然后再抹 20mm 厚 1∶3 的水泥砂浆,最后按块材墙面的施工方法施工,见图 7-3。

(二)灯箱式招牌制作与安装

1.制作边框

因灯箱的尺寸一般较小,通常用 2.5mm 宽的铝合金做成,也可选用 30mm×40mm、40mm×50mm 的木边框。边框材料之间开榫刷胶连接,即在开出的榫头上刷上乳白胶后,再接合。灯箱的构造如图 7-4 所示。

2.安放灯架、敷设线路

根据灯具大小确定灯具支架的位置,拧上灯座或灯脚。根据灯线的引入方向,考虑引入孔以及检修是否方便。

3. 覆盖面板

面板以有机玻璃最为合适,因其既透光,又使光线不刺眼,同时这种材料不怕风雨,易加工。面板与边框用铁钉或螺钉连接,连接前应先在面板上用电钻钻 1.5mm 小孔,以防钉拧时板材开裂。

4. 装铝合金边框

按灯箱外缘尺寸用型材切割机或小钢锯切割铝合金型材,在型材上每隔 500～600mm 钻 1.5mm 钉孔。然后将型材覆盖在灯箱边缘,用小铁钉钉入边框。

5. 安装

灯箱制作时就应考虑它与墙体如何连接,常用的连接方法有悬吊、悬挑、附贴。

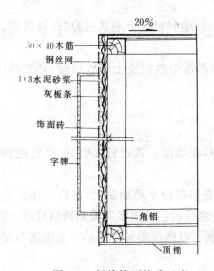

图 7-3 板块饰面构造示意

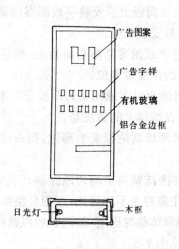

图 7-4 灯箱构造示意

（三）单独字面式招牌制作安装

单独字面式招牌的制作与安装与所选用的材料有关。金属字体、金属图案通常在工厂加工后再到现场安装,而有机玻璃、厚泡沫字或图案可在现场制作和安装。因此,本节只介绍有机玻璃、厚泡沫字的制作与安装。

1. 有机玻璃字或图案的制作

（1）选择字体,并请有关人员书写、设计字或图案。

（2）将字或图案按比例放大至所需尺寸。

（3）放大后的字或图案用复写纸复印到选用的有机玻璃上(有机玻璃板 3～4mm 厚)。泡沫塑料衬底也用同样方法复印(泡沫塑料 50～100mm 厚)。

（4）用钢丝锯或线锯机按复印线切割有机玻璃。用电热丝或多用刀按复印线切割泡沫塑料。

（5）用环氧树脂将有机玻璃和泡沫塑料粘结在一起。

（6）用木锉修整边角,使有机玻璃与泡沫塑料外形重合。

如果不用泡沫塑料做衬底,则在有机玻璃字切割成型后即可直接贴于面板上,但因其无衬底,字厚仅 3～4mm,立体感不强,装饰作用不明显,所以有时为增加字的厚度,在字的背

面加侧板,具体作法是:

1)将字或图案按上述(1)～(4)制作好。

2)切割有机玻璃条,条宽等于字厚,并用木锉或刨子修平切割面,并用砂纸打磨。

3)用开水浸泡有机玻璃条,使其软化,按字和图案的轮廓弯曲成型,然后迅速用冷毛巾覆于字条上,使其冷却定型。依次方法分段将字或图案的侧板加工完毕。

4)在侧板的切割面上和字或图案的边缘,用针头(医用带针管的注射器,内吸氯仿)将氯仿涂在此处,然后将侧板与字或图案粘上,静置数分钟,即完成了制作。

2.有机玻璃字的安装固定

(1)用泡沫塑料衬底的有机玻璃字的固定

这种字牌有两种固定情况,一是固定在雨篷式招牌的面板上,二是固定在墙体上。

固定在金属板、木板面板上的做法是:

1)先在面板上拟安装字或图案的部位钻孔,在泡沫塑料衬底上刷乳白胶、环氧树脂,擦净面板的拟安装部位。

2)将字或图案粘贴在面板上,然后通过钻孔,在泡沫塑料衬底上刷乳白胶、环氧树脂,擦净面板的拟安装部位。

3)将固定好字或图案的面板安装木边框上。

固定在墙体上的做法是:

1)清理墙面的拟安装部位,扫去浮灰,擦掉污物,在墙面上选点钉入铁钉,铁钉应预先夹掉钉帽。

2)在泡沫塑料上均匀地涂刷环氧树脂,对准拟安装部位平稳地贴上,使钉头插入泡沫塑料中,注意钉头不能过长,否则会顶掉有机玻璃面。然后在字或图案四周粘透明胶纸,将字或图案与墙体临时固定,过两天后再撕掉。这样就完成了有泡沫塑料衬底的字或图案与墙体的固定,见图7-5。

(2)无衬底字或图案的固定。无衬底有机玻璃字同有机玻璃面板的固定用氯仿粘结即可。

无衬底有机玻璃字与金属、木板的固定做法是:

1)在字或图案的背面,选定镶嵌木块,并用木螺丝与侧板固定。

2)在面板上钻孔,将铁钉穿过板孔钉于镶嵌的木块上,见图7-6(a)。

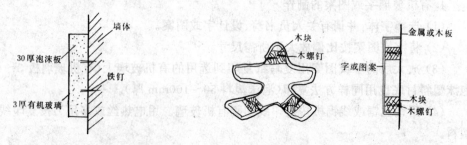

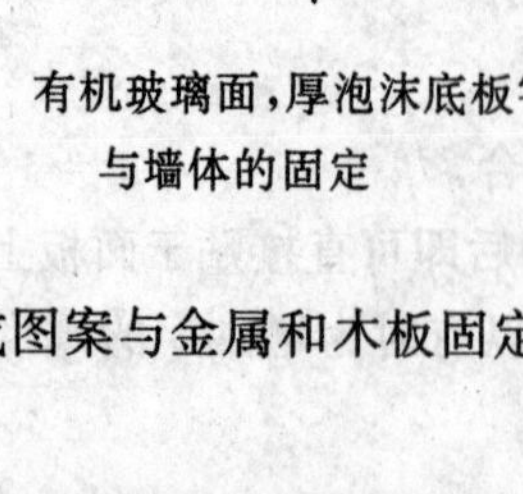

图7-5　有机玻璃面,厚泡沫底板字牌
与墙体的固定

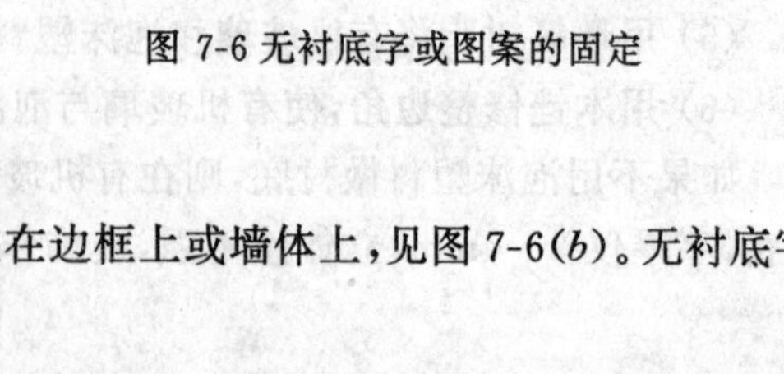

图7-6　无衬底字或图案的固定

3)字或图案与金属和木板固定好后,再安装在边框上或墙体上,见图7-6(b)。无衬底字

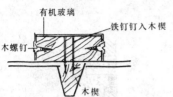

图 7-7　无衬底字或图案与墙体的固定

或图案直接与墙体固定的做法是：

　　a. 在字上选点镶嵌木块后，将字或图案的轮廓画于墙上。按木块的位置，在墙上凿洞，拧入木楔。

　　b. 将镶嵌木块拿出，先钉于木楔上，注意不要使木块超过轮廓线，否则字或图案将无法安装。

　　c. 将字或图案套在镶嵌木块上，在木块处的侧板上两边钻孔，打入木螺钉固定。见图 7-7。

（四）招牌制作安装注意事项

（1）合理地选用材料和制作安装方法。

（2）雨篷式招牌悬挑大的，应加斜向角钢支撑或斜向拉杆，并应安装牢固。

（3）招牌的顶部必须做好防水处理，尤其是与墙体交接处，应该用镀锌铁皮做泛水，使水流从招牌的侧边排下。

（4）字和图案制作时，放样和切割尺寸必须准确，如发现走锯现象应另行切割。字或图案安放在墙上或面板上的位置应认真量取确定，并预先标好位置。

（5）招牌上、灯箱上所设压条必须与边框钉合牢固，保证边缘平直。

（6）粘贴的字或图案要粘贴牢固，贴整，不得虚粘，不得有起壳、错位现象，选用的粘结材料应对两种材料都有粘结作用。

第二节　橱窗安装和注意事项

　　商业店铺的临街面上，一般都设有橱窗，起展示商业的功能。橱窗安装应注意以下一些问题：

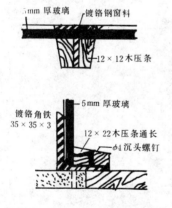

图 7-8　橱窗节点构造示意

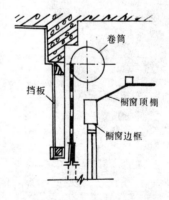

图 7-9　橱窗卷帘位置示意

（1）橱窗体积的大小，视该建筑的体量、展示商品的大小而定。

（2）橱窗的玻璃宜选用 5～10mm 的玻璃，一般为普通玻璃和茶色玻璃。

（3）橱窗安装大面积玻璃，应在上面做上标志以防行人不注意而损坏。

（4）橱窗的边框和竖梃多用型钢和铝型材制作。型钢边框一般采用∟35×3 角钢，竖梃可用 T 型钢窗料，钢材表面可做镀铬处理。铝合金边框一般用方通。橱窗边框与玻璃的安装

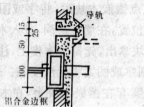

图 7-10 卷帘窗轨道节点示意

见图 7-8。

（5）卷帘窗的安装应注意卷筒的位置和固定方法，卷筒常设在橱窗的顶部，用支架与墙体连接支承卷筒，在卷筒的外边加挡板，见图 7-9。卷帘窗的导轨一般安在侧墙内，应注意与外墙饰面材料的关系，见图 7-10。

复 习 思 考 题

1. 招牌的分类和作用是什么？
2. 雨篷式招牌安装制作的程序和方法是什么？应注意哪些问题？
3. 有机玻璃字或图案应如何制作和安装？

第八章 玻璃幕墙工程

第一节 玻璃幕墙的组成与分类

幕墙装饰于建筑物的外立面,因材料本身的一些特殊性能,而使建筑物显得别具一格。光亮、明快、挺拔,较之其他饰面材料,无论其色彩,还是在光泽方面,都给人一种全新的感觉。

玻璃幕墙在国外已经获得广泛使用,我国近几年也有较快的发展。这种情况主要是取决于玻璃工业的发展,为玻璃幕墙的应用提供了物质基础。

一、玻璃幕墙的组成

玻璃幕墙概括起来由骨架、玻璃以及附件三方面组成。

1.骨架

骨架支撑玻璃,固定玻璃,然后通过连结件与主体结构相连。将玻璃的自重及墙体所受到的风荷载及其他荷载传给主体结构,使之与主体结构成为一体。

常用的骨架材料有:角钢、方钢管、槽钢以及经特殊挤压成型的铝合金材料。

2.玻璃

玻璃是幕墙的面料,它既是建筑的围护构件,又是建筑的装饰以及加助玻璃构件。玻璃的品种很多,主要有:浮法透明玻璃、热反射玻璃(亦称镜面玻璃)、吸热玻璃(亦称染色玻璃)、双层玻璃、中空玻璃等。

3.附件

幕墙的附件主要有:膨胀螺栓、铝拉钉、射钉、密封材料以及各种连接件。连接件多采用角钢、钢板加工而成。之所以选择金属材料,主要是易于焊接,加工方便,较之其他金属材料强度高,价格便宜等。至于附件的形状,用于不同部位、不同作用、不同幕墙的结构而有所不同。

二、幕墙的分类

玻璃幕墙的类型,从基本结构来讲可以概括为骨架和玻璃二大方面,但在具体构造上,可因主体结构的形式不同,选用不同的骨架及玻璃材料,这样,就有可能造成构造节点有所不同。其突出的表现是在如何固定玻璃的办法上。玻璃的安装,既要安全、牢固,又要简便易行。否则,再稳妥的构造,也难于掌握和实现,它的安全度也将受到影响。所以,一个好的幕墙设计,二者不可偏废。

下面介绍几种常用的结构类型,以便更好地理解其构造与安装工艺。

1.型钢骨架体系

型钢做玻璃幕墙的骨架,玻璃镶嵌在铝合金的框内,然后再将铝合金框与骨架固定。也称有框幕墙。

这种类型的玻璃幕墙结构,用型钢组成幕墙大框架,可以充分利用钢结构强度高,较之其他金属价格便宜的特点。使得固定骨架的锚固点间距增大,能够适应于较开敞的空间。如门厅、大堂的外立面等部位。

对于型钢骨架,有的用成形铝合金板进行外包装饰,有的则采用刷漆处理。以南京金陵饭店的型钢骨架为例,外面包1mm厚的铝合金薄板,表面经过氧化并进行电解着色,其色彩同铝合金窗框。这种饰面,是目前常用的处理办法,除了装饰效果好以外,操作简单,工效快。

2.铝合金型材骨架体系

特殊断面的铝合金型材作为玻璃幕墙的骨架,玻璃镶嵌在骨架的凹槽内,也称半隐框幕墙。

这种结构形式的玻璃幕墙,最大特点在于骨架型材的本身兼有固定玻璃的凹槽,而不用另行安装其他配件。这样就使玻璃安装及骨架的安装大为简化。安装一根杆件,可以同时满足二个方面的要求。此种类型的玻璃幕墙是目前应用最多的一种型式。

铝合金型材骨架断面,一般分为立柱和横档。断面尺寸有多种规格,根据使用部位进行选择。常用的断面高度有115mm、130mm、160mm、180mm。断面尺寸大,抗风压的能力强,但相应价格也要贵一些。过大的断面尺寸,在挤压成形的过程中,需要吨位较大的挤压设备,一般工厂不易加工。所以,经结构计算,需较大断面型材时,宜做结构方案比较后再确定。

图8-1是高度160mm的立柱型材断面。图8-2是与图8-1立柱配套使用的横档断面。

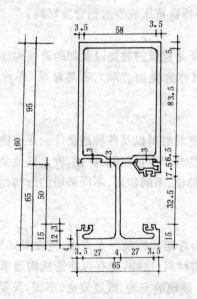

图 8-1　玻璃幕墙立柱断面

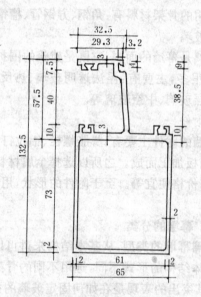

图 8-2　玻璃幕墙横档断面

对于转角部位,需安装转角型材。图8-3是148°的转角断面,图8-4是转角126°情况下的横档断面。

玻璃幕墙的立体与主体结构之间,用连结板固定。一般使用二根角钢,角钢有一条肢与结构固定,另一条肢用不锈钢螺栓将立柱拧牢。其固定如图8-5所示。

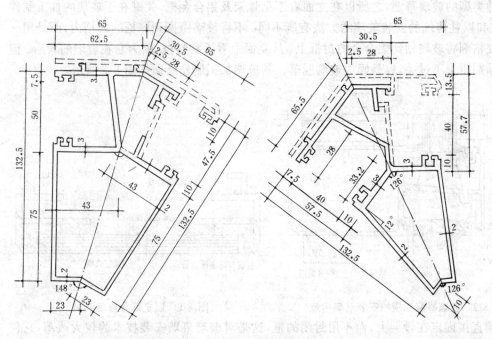

图 8-3　148°转角横档断面　　　　图 8-4　126°转角横档断面(尺寸单位:mm)

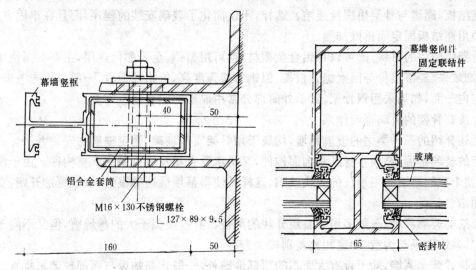

图 8-5　玻璃幕墙立柱固定节点大样　　　图 8-6　玻璃幕墙构造

　　安装玻璃时,先在立柱的内侧安上铝合金压条,然后将玻璃放入凹槽内,再用密封材料密封。安装构造如图 8-6 所示。

　　至于横档装配玻璃,与立柱在构造上有所不同,横档支承玻璃的部位呈倾斜,目的是排除因密封不严而流入凹槽内的雨水。外侧用一条盖板封住。安装构造如图 8-7 所示。

　　3.不露骨架结构体系

　　玻璃直接与骨架连结,外面不露骨架。也称隐框幕墙。

　　这种类型的玻璃幕墙,最大特点在于立面不见骨架,也不见窗框。所以,使得玻璃幕墙外表更加新颖、简洁,是目前玻璃幕墙中较为新式的一种。

该种类型的玻璃幕墙,之所以在立面看不见骨架及铝合金框,关键在于玻璃的加工制作方面。它和以往传统的安装玻璃的方法有所不同。不将玻璃镶嵌到窗框的凹槽内,而是用一种高强胶粘剂将玻璃粘到铝合金的封框上。从立面上看不到封框,因为它在玻璃的背后。但如果胶结剂质量不过关,容易娱成玻璃脱落。其玻璃加工制作断面如图8-8所示。

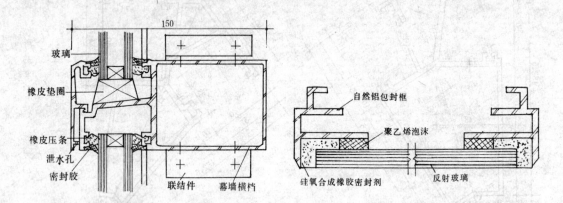

图 8-7　玻璃幕墙和横档安装玻璃构造　　　　图 8-8　固定部分玻璃断面

玻璃直接固定在骨架上,而不用封闭的框,这是对玻璃幕墙安装技术的较大改革,它使玻璃幕墙的安装技术及加工技术推向一个新的高度。如图8-9所示的安装构造,用特制的铝合金连结板,周边与骨架用螺栓连结。这样,不仅简化了玻璃安装的程序,而且在牢固方面,因四边用连结板固定而得以加强。

骨架所使用的材料,既可以用铝合金型材,也可用型钢。至于如何选用,主要根据使用要求、装饰效果、经济造价等因素综合权衡。但钢骨架强度高,价格较便宜,一般应优先考虑。骨架的室内一面,如果采用钢骨架,对于外露部分常用成形的铝合金板饰面。

4. 没有骨架的玻璃幕墙体系

上述介绍的三种类型的玻璃幕墙,均属于用骨架支托玻璃、固定玻璃的安装办法。而没有骨架的玻璃幕墙,玻璃本身既是饰面构件,又是承受自重及风荷载的承重构件。由于没有骨架,整个玻璃幕墙采用通长的大块玻璃。这样就使得幕墙通透感很强,视线更加开阔,立面越发简洁。

象这类玻璃幕墙,一般多用于首层开阔的部位。有些类似于大的落地窗,但又不同于落地窗,其装饰效果与构造,和窗相比差别较大。

悬挂式玻璃幕墙,除了设有大面积的面部玻璃外,一般还需加设与面部玻璃呈垂直的玻璃。垂直于面部的玻璃,主要作用是加强面玻璃的刚度,从而可以保证整体玻璃幕墙在风压作用下的稳定性,提高了面玻璃的刚度。因其设置的位置同板的肋一样,所以,又称之为肋玻璃。

面玻璃与肋玻璃相交部位的处理,有三种构造形式,如图8-10所示。

(a) 种构造是肋玻璃布置在面玻璃的两侧;

(b) 种构造是肋玻璃布置在面玻璃的单侧;

(c) 种构造是肋玻璃穿过面玻璃,肋玻璃呈一整块而设在两侧。

至于上述三种情况如何采用,主要应根据使用的具体情况而定。如果从大玻璃的通透及景物观赏的角度分析,三种处理对其都不存在影响。因为肋玻璃的材质同面玻璃的材质一

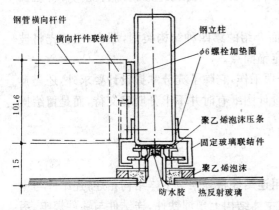

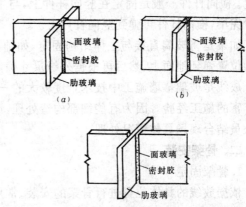

图 8-9 安装构造   图 8-10 面玻璃与肋玻璃相交

样,放于何部位,都是透明构件。

此种类型的玻璃幕墙,所使用的玻璃,多用钢化玻璃和夹层钢化玻璃.单块面积的大小,可根据具体的使用条件所决定。由于玻璃幕墙的使用要求,往往单块玻璃的面积较大,否则就失去了这种玻璃幕墙的特点。在玻璃幕墙高度已定的情况下,如何确定玻璃的厚度,单块面积的大小,肋玻璃的宽和度及厚度,均应经过计算,在强度及刚度方面,应满足在最大风压下的使用要求。

第二节 玻璃幕墙的安装

玻璃幕墙的安装,从其工作性质来讲,应该是安装工种的工作范围。如打眼、划线、钢结构安装等。它本身又是属于建筑装饰的范围。对绝大部分装饰工种,还不能完全胜任。所以,玻璃幕墙往往由专业化的队伍承担。其施工大体要经历以下几个环节。

一、放线

放线是指将骨架的位置弹线到主体结构上。这是玻璃幕墙安装的准备工作。只有准确地将设计图纸的要求反映到结构的表面,才能保证设计意图。所以,放线前,务必吃透设计图纸,重点应注意以下几个问题。

(1)熟悉该工程玻璃幕墙的特点,其中包括骨架设计的特点,玻璃安装的特点及构造方面的特点。然后根据其特点,具体研究施工方案。

(2)对照玻璃幕墙的骨架设计,复检主体结构的质量。因为主体结构的质量如何,对骨架的位置影响较大。特别是墙面的垂直度、平整度偏差,将影响整个幕墙的水平位置。

至于主体结构与玻璃幕墙之间的间隔,存在一定的误差,为了解决玻璃幕墙安装精度,尺寸允许偏差很小,设计一般都有具体规定。但施工现场,应根据主体结构的质量情况再做适当调整。

(3)放线工作应根据土建单位提供的中心线及标高进行。因为玻璃幕墙的设计,一般是以建筑物的轴线为依据的,玻璃幕墙的布置应与轴线取得一定的关系。所以,放线应首先弄清建筑物的轴线。对于标高控制点,应进行复核。

对于由横竖杆件组成的幕墙,一般先弹出竖向杆件的位置,然后再将竖向杆件的锚固点确定。横向杆件一般是固定在竖向杆件上,与主体结构并不直接发生关系。待竖向杆件通长布置完毕,横向杆件再弹到竖向杆件上。

如果是将玻璃直接与主体结构固定,如前面介绍的第四种结构类型,那么,应首先将玻璃的位置弹到地面上,然后再根据外缘尺寸确定锚固点。

放线是玻璃幕墙施工中技术难度较大的一项工作,它除了充分掌握设计要求外,还需具备丰富的施工经验。因为有些细部构造处理,设计图纸有时并不十分明确交待,而是留给操作人员结合现场具体情况处理。

二、骨架安装

1.骨架固定

依据放线的具体位置进行骨架的安装。常用连结件将骨架与主体结构相连,连结件与主体结构的固定,通常有二种固定方法。一种是在主体结构上预埋铁件,连结件与铁件焊牢。另外一种是在主体结构上钻孔,然后用膨胀螺栓将连结件与主体结构相连。第一种办法,需要在主体结构施工中,将预埋铁件埋设完毕。可是,由于土建施工的误差及土建施工中各种人为因素的影响,使得有些预埋铁件位置产生较大偏差。如果采用膨胀螺栓,比较机动灵活,具体位置可在放线后再施工。所以,尺寸能够保证。但两种办法相比,膨胀螺栓的埋设工作难度要大一些,在钢筋混凝土上钻孔,劳动强度较大。如果玻璃幕墙的设计能够及时与结构设计与安装取得联系,土建施工中密切配合,用预埋铁件的办法,无论从施工难度上,还是降低工程造价等方面,较之现打膨胀螺栓,其优点更多一些。如有可能,应尽量采用预埋铁件的办法。

骨架安装一般先安装竖向杆件,因为竖向杆件与主体结构连接,竖向杆件就位后,可安装横向杆件,见图8-11。

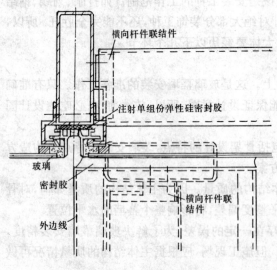

图 8-11 横向杆件连结

2.选择密封材料

玻璃与硬性金属之间,应避免和硬性接触,固垫之氯丁橡胶类弹性材料,以防止玻璃因冷热而产生的变形,用密封材料既起到密封作用,又起到缓冲作用。

2.复核

按照骨架尺寸,骨架安装好后,需进行全面复核,复核骨架的安装几何尺寸,需做到横平、垂直,以防安装玻璃不符。

3.骨架的防腐处理

骨架安装后,要进行防腐处理。如果是钢骨架,要涂刷防锈漆,其遍数应符合设计要求。如果是铝合金骨架,要注意骨架氧化膜的保护,在与混凝土直接接触部位,应对氧化膜进行防腐处理。

三、玻璃安装

1.选择玻璃

根据设计要求,正确选择玻璃,其色泽必须清晰,强度必须满足要求,其规格按框的大小裁切。

3.安装玻璃

玻璃幕墙的玻璃安装,因幕墙的结构类型不同,安装办法也不同。

(1)钢骨架结构玻璃安装。以型钢作为幕墙的骨架,由于型钢没有镶嵌玻璃的凹槽,所以都用窗框过渡。先将玻璃安装在铝合金窗框上,然后再将窗框与骨架连结,这种类型也可以几扇窗框合并在一个网格内,也可以单扇窗独立使用。

(2)铝合金骨架玻璃安装。铝合金型材为幕墙的骨架,应在成型的过程中,应将玻璃固定的凹槽随同整个断面一次挤压成型。所以,安装玻璃犹同在普通的铝合金门窗框安装玻璃一样方便,同时也是玻璃幕墙中较为经济的一种。

4.清理浮灰

玻璃安装完毕,需进行浮灰清理,使得幕墙更加明亮。

第三节 玻璃幕墙的节点构造处理

玻璃幕墙的节点非常细致,这样做一方面是从安全出发,以防因构造不妥而发生玻璃脱落;也有利于安装。因此,玻璃幕墙的节点构造既是设计的重点,也是安装的难点。只有细部处理得完善,才能保证玻璃幕墙的使用功能。下面介绍一些部位的处理方法:

一、玻璃幕墙转角部位的处理

1.内转角90°部位处理

如图 8-12 所示的构造节点,是幕墙立柱在 90°内转角部位的处理。两根立柱呈垂直布置。外侧用密封胶将两根立柱之间的 10mm 间隙密封。室内一侧,用成形的铝板作饰面。

2.外转角90°部位处理

玻璃幕墙外转角 90°部位处理。这种情况多出现在建筑物的转角部位,两个不同方向的玻璃幕墙垂直相交,要通长的铝合金板过渡。用铝合金板饰面是常用的作法。但是,铝合金板的形状,可根据建筑物的立面要求而有所不同。图 8-13 采用的是直角处理,也可以用曲线铝板将两个方向的幕墙相连。图 8-14 所示的节点构造,虽然也属于直角封板处理,但是在直角的端部将角端切下,然后用二条铝合金板分别固定在幕墙的结构上。

铝合金板的表面处理,应与幕墙骨架外露部分相同。如果是铝合金挤压型材,多采用氧化处理。

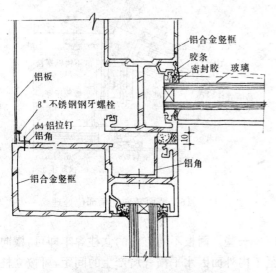

图 8-12 内转角 90°构造

外转角的处理方法较多,但是从上述介绍的两种处理构造可知,铝合金成形板是常用的饰面材料。除了它易于成形外,更主要的是它易于同幕墙整个立面取得一致。

3.幕墙与其他材料在转角部位处理

角部分的处理见图 8-15。由于幕墙的立面设计与原土建的墙体尺寸,未必完全符合玻

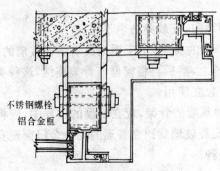

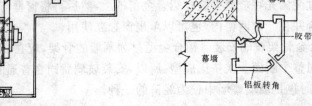

图 8-13　外转角构造节点进　　　　　图 8-14　外转角构造

璃的模数。有些玻璃当然并不受尺寸的限制,切割下料时随意性很大,但是在立面排块时,总会在尾端留有一点余数。另外,设计时也应给安装单位留出一定的尺寸,考虑到施工的误差。这种误差不仅仅是幕墙安装存在,土建施工表现得更为严重一些。二是考虑到墙体饰面两种不同材料的收缩值不一样,也是结构设计的需要。

玻璃幕墙的最后一根立柱,与其他饰面材料脱开一段距离,然后用铝合金板和密封胶将两种不同材料过渡。这种脱开的做法,是玻璃幕墙与其他饰面材料相交处的常用办法。

4.墙面转向钝角部位处理

转角的角度,可根据设计上的要求而有所不同。图 8-16 所示的横档断面是 126°。

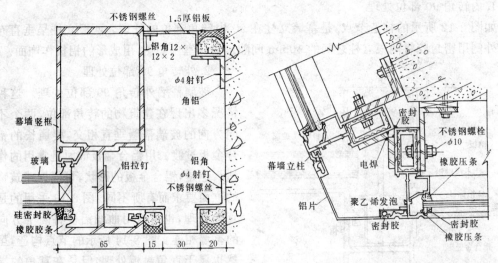

图 8-15　玻璃幕墙转角部位构造　　　　　图 8-16　墙面转向钝角部位处理

如果是型钢一类的骨架,转角处理比较简单一些。两根不同方向的立柱焊牢即可,横向杆件一般用水平的二根,分别将铝窗固定。至于内外面因水平横杆所产生的间距,可按立柱或外立面的统一做法处理。

二、沉降缝、伸缩缝部位处理

沉降缝、伸缩缝是主体结构设计的需要。玻璃幕墙在此部位的构造节点,应适应主体结构沉降、伸缩的这一现实。另外,从建筑物装饰的角度,又要使沉降缝、伸缩缝部位美观。如果从防水的角度要求,这些缝的处理应具有理想的防水性能。所以,这些部位往往是幕墙构造处理的重点。

图 8-17 是沉降缝节点。在沉降缝的左右分别固定两根立柱,使幕墙的骨架在此部位分开,为此形成两个独立的幕墙骨架体系。关于防水处理,采用内外二道防水做法,分别用成形的铝板固定在骨架的立柱上,在铝板的相交处,用密封胶封闭处理。

三、收口处理

玻璃幕墙同其他饰面材料一样,装饰于外墙,都存在如何收口的问题。所谓收口,有时指幕墙本身的一些部位收口,使之能够对幕墙结构进行遮挡。有时是幕墙在建筑物洞口、两种材料交接处的衔接处理。例如:建筑物女儿墙的压顶、窗台板、窗下墙等部位,都存在如何处理的问题。

1. 立柱处收口

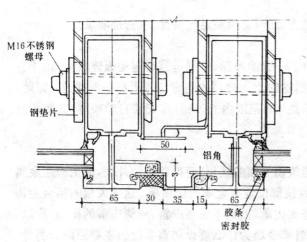

图 8-17　沉降缝构造大样

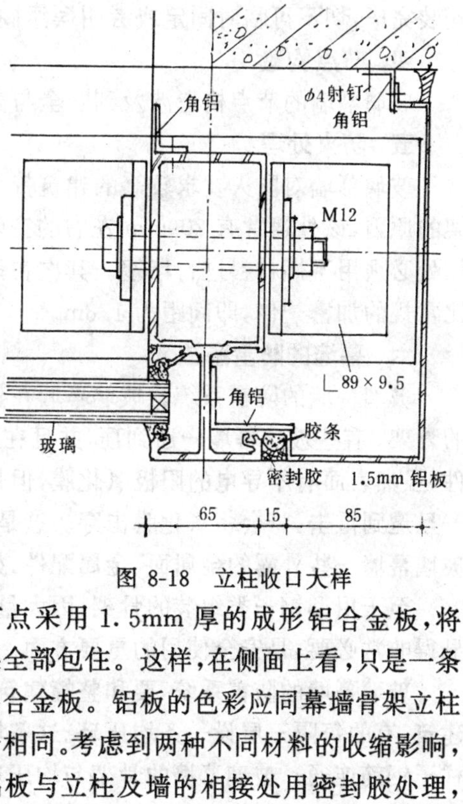

图 8-18　立柱收口大样

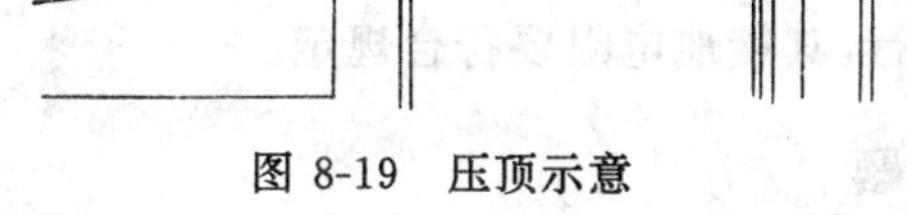

该节点采用 1.5mm 厚的成形铝合金板,将幕墙骨架全部包住。这样,在侧面上看,只是一条通长的铝合金板。铝板的色彩应同幕墙骨架立柱外露部分相同。考虑到两种不同材料的收缩影响,在饰面铝板与立柱及墙的相接处用密封胶处理,见图 8-18。

2. 幕墙压顶处收口

为防止在幕墙压顶处有渗水现象,用一条成型的铝合金板,罩在幕墙的上端部位,并在压顶板

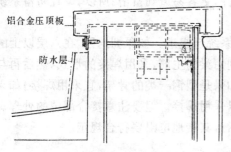

图 8-19　压顶示意

的下面加铺一层防水层,见图 8-19。但要注意,螺栓头部位要用密封胶密封,以防雨水在这些部位渗透。

第四节　玻璃幕墙安装中应注意的问题

玻璃幕墙是一项新工艺,它涉及到设计、选材、构造与施工,有些工艺还在摸索之中,以下几个问题必须注意。

一、骨架设计

骨架规格应严格符合设计要求，玻璃幕墙以其在建筑中的作用来讲，它处于建筑的外表，不仅仅是装饰，而且是围护结构，尤其是高层建筑，它承受着巨大的风荷载，因此，选择断面时应首先进行强度和刚度复合，以确保其安全度。

二、玻璃选择

玻璃幕墙中选择玻璃的表面必须色泽清晰，强度一定要满足使用和施工要求，幕墙玻璃比一般普通玻璃大得多（单块有的甚至重达 1t 多）。吊装就位时应注意保护。

三、玻璃密封

玻璃吊装就位后，应及时用密封材料进行固定与密封，包括构造需要的封口压条，一同安装完毕，切不可临时固定或者明摆浮搁。

四、节点构造

玻璃幕墙的节点构造涉及到安全与美观，同时必须满足气密性、水密性要求。

五、防火处理

玻璃幕墙对防火要求较高的建筑带来了一定的难题，特别是幕墙与楼板连接处，由于骨架的原因，该处通常有 200mm 左右的空隙，这对上下楼层的隔音与防火都是不利的。因此，该处必须用不燃材料进行堵塞。其次在该处 1m 范围内的顶棚，应安装自动喷淋，其喷头应比常规的加密一倍，即间距为 1.8m。

六、幕墙的防雷系统

玻璃幕墙的防雷系统。玻璃幕墙在建筑物立面的应用，使得建筑物外表，围上一层金属的骨架。有些玻璃幕墙一通到顶，并且在屋顶部位设有金属的压顶板。这些大量的铝合金构件，虽然表面有不导电的阳极氧化膜，但是比较薄，抵抗不住直击雷、或侧击雷的雷击。所以，一旦遭到雷击，将会将氧化膜击穿。这是玻璃幕墙为什么要设防雷系统的主要原因。另外，玻璃幕墙一些外露的金属面、金属配件，如钉帽、拉钉、螺栓等，都可能产生接触电压。

至于用型钢一类组装的骨架，因大量的金属杆件，更容易遭到雷击。所以，设置防雷系统显得非常必要，是安全使用的重要方面。

玻璃幕墙的防雷系统，要和整幢建筑物的防雷系统连起来。如深圳地区，在六层以上的建筑，有的每隔三层设一条均压环。这条均压环是利用梁的主筋，采用焊接的形式，然后再与柱子钢筋连通。玻璃幕墙的骨架与均压环连通。如果是型钢一类的骨架，宜采用焊接；如果是铝合金型材骨架，考虑到现场焊接较困难，可以采用铆接。但要注意接合部位的处理。

至于防雷系统中的构造做法，应按有关规范执行，其接地电阻要符合规定。

复习思考题

1. 玻璃幕墙有哪些类型？各有什么特点？
2. 幕墙骨架有哪些形式？其断面如何确定？
3. 玻璃幕墙的节点构造有哪些关键部位？
4. 玻璃安装应注意哪些问题？为什么？

第九章 花格的制作与安装

建筑花格是建筑装饰的一部分,在建筑中,花格多用于门厅、餐厅、展览大厅等的隔断、墙垣以及其他部位.利用花格分隔空间,可以产生丰富的意境效果,增加空间的层次和深度,同时还起到疏导人流和装饰作用.

第一节 花格的组成和分类

一、花格的组成

花格大部分都是组装而成的.从它的组成含义来讲主要分二部分,即花饰和骨架.

花饰的品种繁多,按材质分有水泥浆花饰、水刷石花饰、剁斧石花饰、石膏花饰、塑料花饰、金属花饰和木花饰等.按体型及质量,花饰还可以分为轻型花饰和重型花饰.花饰仅仅对花格起点缀装饰作用.

骨架是花格的支承构件.

二、花格的分类

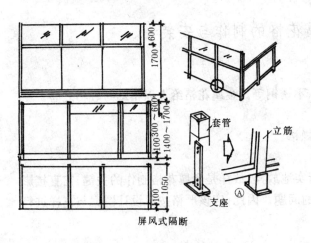

屏风式隔断

图 9-1 屏风式花格

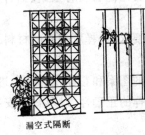

漏空式隔断

图 9-2 漏空式花格

（一）花格按其形式分

花格的形式很多,从形式可分为屏风式、漏空式、跌落式和玻璃花格.

1.屏风式花格

屏风式花格通常不是隔到顶的,使空间通透性强,花格与顶棚有一段距离,起到分隔空间遮挡视线的作用.常用于办公、餐厅、展览馆以及门诊部的诊室等公共建筑中,见图9-1.

2.漏空式花格

漏空式花格用于公共建筑的门厅、客厅等处分隔空间,常用的形式有金属水泥制品、木、玻璃等,见图9-2.

3.跌落式花格

跌落式花格主要用于房间内部,起到变化空间,达到美化居室内部环境的作用,见图9-3。而跌落多采用悬挂式,这是跌落不同于其他花格的所在。

4.玻璃花格

玻璃花格有玻璃砖花格和透空花格两种,玻璃砖花格是采用玻璃砌筑而成,既分隔空间,又透光。常用于公共建筑的接待室、会议室等处,见图9-4。

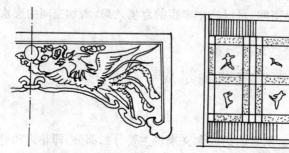 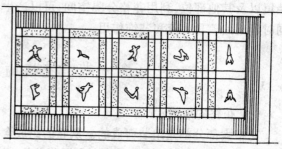

图 9-3 跌落式花格　　　　　图 9-4 玻璃花格

(二)花格按其所用材料分

花格按其所用材料可分化金属花格、水泥制品花格、竹木花格和玻璃花格等。

第二节 金属花格的制作与安装

一、金属花格的制作工序

金属花格常用的材料有型钢、铝合金、不锈钢等。金属花格给人以精细与轻巧之感。

1.选料

根据设计要求,选择所需要的材料及规格。

2.放样

按照设计的图案和花样在材料上进行实地放样,放样是金属花格制作的关键,它直接影响到图案与花样的正确性,以及日后安装的问题。因此,应该严格按照设计图案与花样进行放样。

3.切割与加工

按照设计图案与花样放样后,然后切割、加工成实样,并进行修边处理。

二、金属花格的安装

(1)将切割加工成实样的花饰和骨架按照设计要求进行组装,组装可以用电焊或螺钉。

(2)花格组装就位后,进行复查平整度和垂直度。然后将焊缝锉平。

(3)制作型钢花格,安装后还得除锈刷漆,先刷防锈漆一遍,然后根据设计要求刷调和漆。

三、金属花格制作安装注意事项

(1)注意选用的型材规格。

（2）型材表面不能有沾污，不能有碰伤的痕迹和不能有扭曲变型。

（3）油漆涂刷应厚薄均匀、色调一致。

第三节　水泥制品花格的制作与安装

一、水泥制品花格的分类

水泥制品花格按其材料和加工不同，可分为水泥花格、混凝土花格、水磨石花格等。其混凝土强度等级通常在 C20 以上。

二、水泥制品花格的制作

1. 支模

将按设计尺寸制作好的模板放置于平整场地上，检查模板各部位的连接是否可靠，以防涨模，然后在模板上刷脱模剂。

2. 扎钢筋

将已制作成型的钢筋或钢筋网片放置模板中，钢筋不能直接放在地上，要先放好砂浆垫块再放入，使之浇灌后钢筋不外露，花格常用的钢筋规格有 φ4、φ6、φ8、φ10、φ12 等。

3. 浇筑砂浆或混凝土

用铁抹子将砂浆或混凝土注入模板中，随注随捣，待注满后用铁抹子抹平表面。

4. 拆模养护

水泥砂浆或混凝土初凝后即可拆模，拆模后的构件要注意浇水养护。

三、水泥制品花格的安装

水泥制品花格可用单一构件或多种构件拼装而成，拼装高度不宜大于 3m，也可以用竖向混凝土板中间加各种花饰组装而成。

1. 单一或多种构件拼装

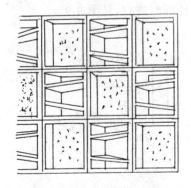

图 9-5　单一或多种构件拼装示例

（1）预排　先在拟安装花格部位，按构件排列形状和尺寸标定位置，然后用构件进行预排调缝，见图 9-5。

（2）拉线　调整好构件的位置后，在横竖向拉通线，通线应用水平尺和线坠找平找直，以保证安装后构件位置准确、表面平整，不致出现以后错动、缝隙不匀等现象。

（3）拼装　从下而上地将构件拼装在一起，拼装缝用 1：2～1：2.5 水泥砂浆填平。构件之间连接是在两构件的预留孔内插入 φ6 钢筋段，然后用水泥砂浆灌实。花格连接方法见图 9-6。

（4）刷面　拼装后的花格应按设计要求刷涂各种涂料。水磨石花格可在制作时按照设计要求掺入彩色石子或颜料调出装饰色。

2. 竖向混凝土构件组装花格

竖向混凝土构件组装花格见图 9-7。

（1）预埋（留）竖向构件与上下墙体或梁连接，在上下连接点，要根据竖构件间隔尺寸埋入埋件或留凹槽。若竖向构件间插入花饰，构件上也同样应埋件或留槽。

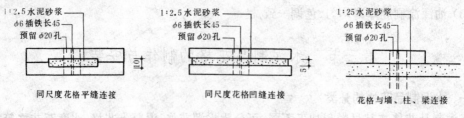

同尺度花格平缝连接　　　　　同尺度花格凹缝连接　　　　　花格与墙、柱、梁连接

图 9-6　构件拼装节点

（2）竖向构件连接。在拟安装构件部位将构件立起，用线坠吊直，并与墙、梁上埋件或凹槽连在一起，连接节点可采用焊、拧等方法，见图 9-8。

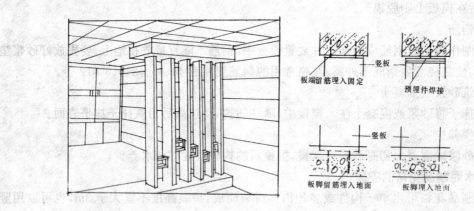

图 9-7　竖向混凝土板组装花格　　　　　图 9-8　竖板与梁连接

（3）安装花饰。竖向构件中加花饰也采用焊、拧或插入凹槽的方法。焊接花饰可在竖向构件立完固定后进行，插入凹槽的安装方法应与安装竖向构件同时进行，见图 9-9。

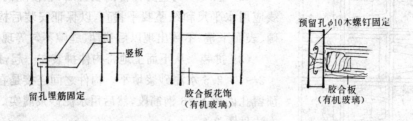

图 9-9　竖板与花饰连接

第四节　竹木花格的制作与安装

竹木花格多用于建筑中的花窗、隔断、博古架，这种花格具有加工制作简便、构件轻巧纤细、表面纹理清楚等特点。

一、竹花格的制作与安装

1. 竹花格的制作工序

（1）竹子的选择和加工 用于制作花格的竹子要经过挑选。将符合要求的竹子进行修整，去掉枝杈，按设计要求切割成一定的尺寸，还可在表面进行加工，如斑点、斑纹、刻花等。如弯曲的竹子可用烟熏后校直。

（2）制作竹销、木塞 竹销和木塞是竹花格中竹杆之间的连接构件。竹销直径 3～5mm，可先制成竹条，使用时根据需要截取；木塞应根据竹子孔径的大小取直径，做成圆木条后再截取修整，塞入连接点或封头。

（3）钻孔 竹杆之间插入式连接时，要在竹杆上钻孔，孔径宜小不宜大，安装时可再行扩孔。可用电钻和曲线锯配合使用挖孔，也可用锋利刀具钻孔。但在钻孔过程中要防止孔洞破裂。

2. 竹花格的安装

（1）拉线定位 与其他花格安装相同。

（2）安装 竹花格四周可与框，竹框或水泥类面层交接。小面积周边框花格可在地面拼装成型后，再安装到位。大面积花格则要现场组装。安装应从一侧开始，先立竖向竹杆，在竖向竹杆中插入横向竹杆后再安装下一个竖向竹杆。竖向竹杆要吊直固定，依次安装。

（3）连接 竹与竹之间、竹与木之间用钉、套、穿等方法连接，以竹销连接要先钻孔，竹与木连接一般从竹杆用铁钉钉向木板，或竹杆穿入木榫中（见图 9-10）。

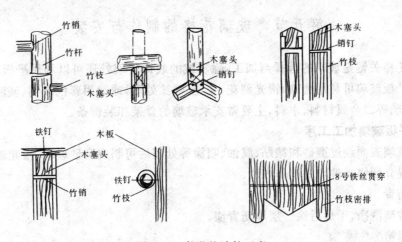

图 9-10 竹花格连接示意

（4）刷漆 竹花格安装好后，可以在表面刷清漆，起到保护和装饰作用。

二、木花格的制作与安装

1. 木花格的制作工序

（1）选料、下料 按设计要求选择合适的木材。毛料尺寸应大于净料尺寸 3～5mm，按设计尺寸锯割成段，存放备用。

（2）刨面，做装饰线 用木工刨子把毛料刨平刨光，使其符合设计净尺寸，然后用线刨子刮装饰线。

（3）开榫 用锯、凿子在要求连接部位开榫头、榫眼、榫槽，尺寸一定要准确，保证组装后无缝隙。

（4）做连接件、花饰　竖向板式木花格常用连接件与墙、梁固定，连接件应在安装前按设计做好。竖向条板间的花饰也应做好。

2.木花格的安装

（1）预埋（留）。在拟安装的墙、梁上预埋铁件或预留凹槽。

（2）小面积木花格可象制作木窗一样先制作好后，再安装到位，竖向板式花格则应将竖向构件逐一定位安装，先用尺量出每一构件位置，检查是否与埋件相对，做出标记。将竖板立正吊直，与连接件拧紧，随立竖板随装花饰（见图9-11）。

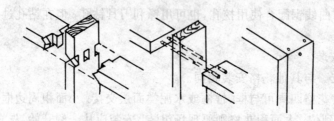

图9-11　木花格安装示意

（3）表面处理。木花格安装好后，表面应用砂纸打磨、批腻子、刷涂油漆。

第五节　玻璃花格的制作与安装

玻璃花格关键是玻璃的选择与加工，除现成的装饰玻璃外还可以利用平板玻璃进行加工而成。平板玻璃可利用磨砂、银光刻花、夹花、喷漆处理，或选用彩色玻璃、玻璃砖、压花玻璃、有机玻璃等。金属材料、木料，主要做支承玻璃的骨架和装饰条。

一、平板玻璃加工工序

平板玻璃表面经过磨砂和裱贴、腐蚀、喷涂等处理后可制成磨砂玻璃、银光玻璃、彩色玻璃。下面仅介绍银光玻璃的制作方法。

1.涂沥青

先将玻璃洗净，干燥后涂一层厚沥青漆。

2.贴锡箔

待沥青漆干至不粘手时，将锡箔贴于沥青漆上，要求粘贴平整，尽量减少皱纹和空隙，以防漏酸。

3.贴纸样

将绘在打字纸上的设计图样，用浆糊裱在锡箔上。

4.刻纹样

待纸样干透后，用刻刀按纹样刻出要求腐蚀的花纹，并用汽油或煤油将该处的沥青洗净。

5.腐蚀

用木框封边，涂上石蜡，用1∶5浓度的氢氟酸倒于需要腐蚀的玻璃面，并根据刻花深度的要求控制腐蚀时间。

6.洗涤

倒去氢氟酸后,用水冲洗数次,把多余的锡箔及沥青漆用小铁铲铲去,并用汽油擦净,再用水冲洗干净为止。

7.磨砂

将未进行腐蚀的部分用金刚砂打磨,打磨时加少量的水,最终做成透光而不透视线的乳白色玻璃。

二、玻璃安装

经过处理后的玻璃要安装在木框或金属框上,其安装方法见图9-12。

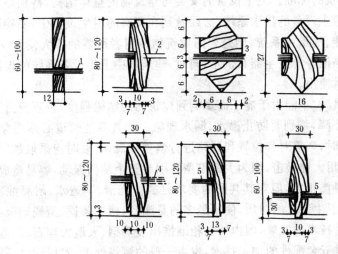

图 9-12 玻璃安装示意

复 习 思 考 题

1.花格有哪些种类?各有什么特点?

2.水泥制品花格的制作安装操作程序是什么?

3.如何进行竹木花格安装?

第十章 卫生洁具的安装

建筑物是供人们生活、工作使用的空间,因此,内部设施必须满足人们日常生活的需要,其中应该具有按现代公共卫生有关法规进行设计的卫生设备。同时,卫生设备条件、质量如何,是衡量一幢建筑的标准。卫生设备的安装与建筑物的整体结构,特别是与给排水系统的设计紧密相关。卫生设备的排水系统,必须做到在所有的卫生设备中,妥善地利用合理的方法将污水及时排走;而给水系统,则是要向建筑物使用者所需的各大便器、小便器、浴盆、淋浴器、洗脸盆、洗涤池等等卫生器具供水。同时,建筑物中卫生设备系统的设计、安装和维修,应保证不影响正常使用。

安装卫生洁具时,不能由于施工而影响到建筑物的结构强度,也不应由于卫生设备的使用而使建筑质量下降,特别要防止渗水、漏水现象。如若某些管道必须要穿过建筑物的柱、梁、墙等重要构件时,则需对其位置和线路进行慎重考虑,必要时应采取加固等措施。在敲凿操作时,应禁止使用大锤敲击,因为大锤敲凿会引起整个结构振动,容易造成建筑结构破坏。

卫生器具的种类很多,但对其共同的要求是表面光滑、不透水、耐腐蚀、耐冷热,易于清洗和经久耐用等。卫生器具的材质,使用最多的是陶瓷、搪瓷铸铁、搪瓷钢板,还有水磨石、混凝土等。随着建材技术的发展,国内外已相继推出玻璃钢、人造大理石、人造玛瑙、不锈钢等新材料。卫生洁具五金配件的加工技术,也由一般的镀铬处理,发展到以各种手段达到高精度的加工,获得造型美观、节能、消声、节水的高档产品。

卫生洁具的安装应符合以下规定:

1. 预埋木砖和支、托架防腐良好,埋设平正牢固,器具放置平稳。
2. 器具洁净,支架与器具接触紧密。
3. 卫生洁具安装的允许偏差和检验方法见表 10-1。

卫生洁具安装的允许偏差和检查方法 表 10-1

项　　次	项　　　目		允许偏差(mm)	检　查　方　法
1	坐标	单独器具	10	拉线、吊线和尺量检查
		成排器具	5	
2	标高	单独器具	±15	
		成排器具	±10	
3	器具水平度		2	用水平尺和尺量检查
4	器具垂直度		3	吊线和尺量检查

第一节 便溺用卫生器具的安装

卫生间是一幢建筑中不可缺少的重要部分。它内部的设备条件,质量如何,是衡量一幢建筑物的标准之一。

卫生间过去是我国建筑装修的薄弱环节。近年来,随着人们生活水平的不断提高,已有了很大的改善。我国生产的某些配套产品已接近或达到国外同类产品水平,可以替代进口洁具进入高级建筑装饰工程的卫生间。

便溺用卫生器具主要是指大便器、小便器及冲洗设备。

一、大便器

(一)坐式大便器

图 10-1　坐式大便器

图 10-1 为虹吸式坐式大便器,由于虹吸作用能将污秽冲洗干净。坐式大便器一般多装低位冲洗水箱,也有装配高位冲洗水箱的。图 10-2~10-5 为坐式大便器的安装图,多用于要求较高的住宅、宾馆、办公等建筑物内。

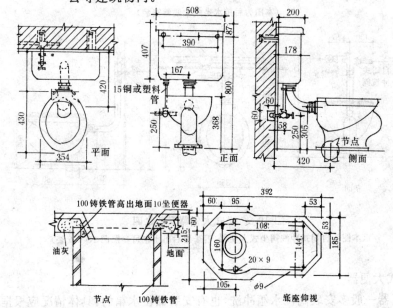

图 10-2　坐式大便器安装之一(本图坐式大便器为暗管安装)

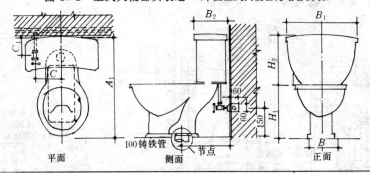

尺　寸	外　型　尺　寸						上水配管		下水配管
	A	B	B_1	B_2	H_1	H_2	C	C_1	D
PT-4	743	360	480	225	375	340	165	73	400
PT-6	765	350	480	220	390	370	130	95	490
PT-8	785	350	480	220	360	380	135	118	450
PT-9	815	380	500	220	390	335	145	52	470
PT-10	805	350	486	220	360	355	135	66	490

图 10-3　坐式大便器安装之二(本图为暗装管,节点详图见图 10-2)

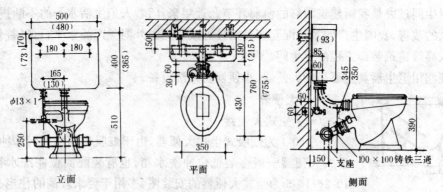

图 10-4 坐式大便器安装之三

（本图为后排水坐式大便器安装）

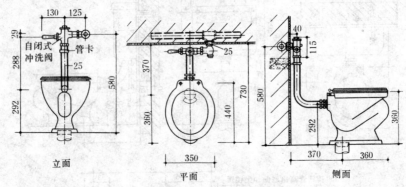

图 10-5 坐式大便器安装之四

（本图为自闭式冲洗阀坐式大便器,若采用后出水也可参照图 10-4 安装）

（二）蹲式大便器

蹲式大便器一般多安装高位水箱冲洗,也有安装低位水箱的,具体情况应根据设计和使用要求选用。其安装方法可参考图 10-6、10-7。

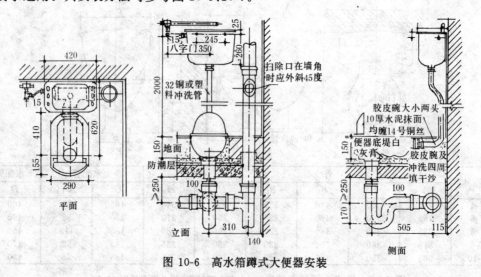

图 10-6 高水箱蹲式大便器安装

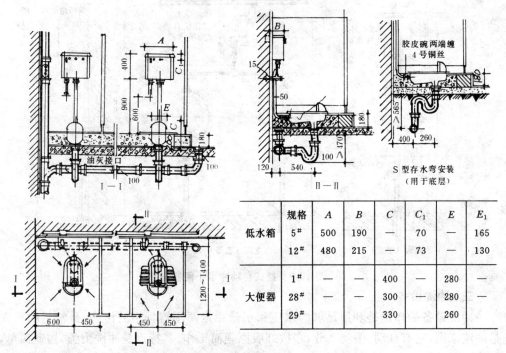

图 10-7 低水箱蹲式大便器安装(单独或成组)

规格		A	B	C	C_1	E	E_1
低水箱	5#	500	190	—	70		165
	12#	480	215	—	73		130
大便器	1#	—	—	400		280	—
	28#	—	—	300		280	—
	29#	—	—	330		260	—

蹲式大便器多用于住宅、集体宿舍及办公楼等建筑物内,比较卫生。

二、小便器

小便器有挂式、立式和角式及自动冲洗之别,图 10-8 为立式小便器安装,图 10-9 为挂式自动冲洗小便器安装。

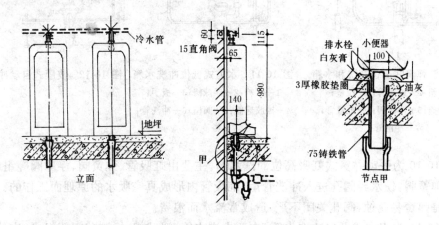

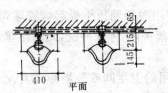

图 10-8 立式小便器安装

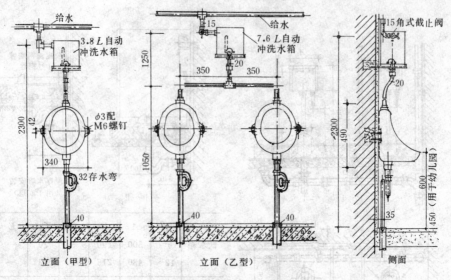

图 10-9　挂式自动冲水小便器安装

三、冲洗设备

冲洗设备的作用是利用足够的水压和水量冲走便溺器具中的污物,最常用的冲洗设备是冲洗水箱,它有自动、手动之分,多按虹吸原理而工作。其特点是冲洗力强,构造简单,工作可靠,便于控制。

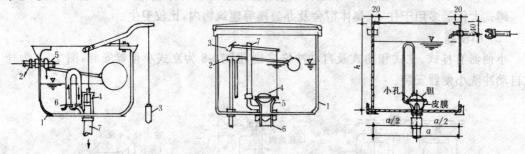

图 10-10　弹簧式高位冲洗和水箱　　图 10-11　水力式低位冲洗水箱　图 10-12　皮膜式自动冲洗水箱

1—水箱;2—进水管;3—拉链;　　　1—水箱;2—浮球阀;3—扳手;

4—弹簧阀;5—浮球阀;6—虹吸管;　4—橡胶球阀;5—阀座;6—冲洗管;

7—冲洗管　　　　　　　　　　　　7—溢流管

图 10-10 为手动弹簧式虹吸高位冲洗水箱。主要由虹吸管、弹簧阀、浮球阀等组成。它是靠拉起弹簧阀,使水经阀孔进入冲洗管后,虹吸管内形成真空吸水的原理而工作的。它的主要缺点是弹簧易锈蚀,阀孔关闭不严,造成常流水而浪费。

图 10-11 为水力式低位冲洗水箱。主要由进水管、浮球阀、橡胶球阀等组成。它的工作原理是,当水箱冲满水时,浮球阀自动关闭,停止进水,使用时扳动扳手提起橡胶球阀,水即迅速流入冲洗管,水位下降至橡胶球阀下面后,则球阀回落关闭,停止冲洗,此时浮球开启重新进水,直至水满为止。

图 10-12 为皮膜式自动高位水箱,适用于集体使用的卫生间或公厕冲洗大、小便槽,其作用原理是,箱中水位升高时,水由胆上小孔慢慢流入虹吸管,直到管顶时,水由虹吸管流入冲洗管,并产生虹吸现象,皮膜上压力降低,于是水顶开皮膜,很快由皮膜下进入冲洗管,直至箱中水接近放空时,皮膜被吸回到原来位置,紧闭冲洗管口,冲洗停止,水又从上部重新进

入水箱并积水不间断地往复工作。其安装方法见图 10-13。

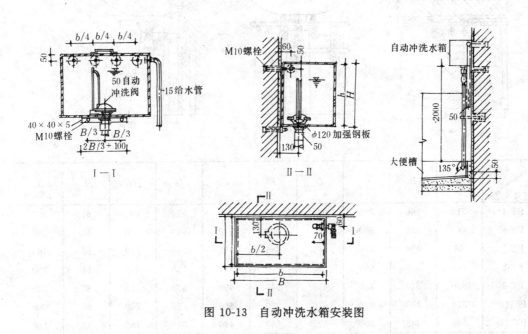

图 10-13　自动冲洗水箱安装图

第二节　盥洗沐浴洁具的安装

盥洗沐浴洁具主要包括洗脸盆、盥洗槽、浴盆、淋浴器及妇女净身盆。

一、洗脸盆

洗脸盆一般在盥洗室、浴室、卫生间中,以供洗漱之用,其外形有长方形、半圆形及三角形。其安装形式,主要有墙架式和柱脚式两种。洗脸盆的管道有明装与暗装之别。图 10-14、10-15 为两种洗脸盆的安装图,仅供参考。由于这类器具的规格尚未标准化,在具体施工时应按实际确定。

二、盥洗槽

或称盥洗台,一般设置在集体宿舍与工厂生活间内,长条形水磨石槽或混凝土镶贴瓷砖饰面的槽最为普遍。它的构造简单,造价低廉。盥洗槽的安装形式有单面与双面之分。图 10-16 为双面盥洗槽安装图,可供参考。

三、浴盆

浴盆,或称浴缸,是卫生间的重要配件之一,是人们日常生活的必需品,对改善个人卫生和促进人体新陈代谢、消除疲劳具有重要作用。浴盆通常使用于热水和高温的环境中,因此要求它具有耐热、耐老化、耐污涤、不变形,并能承受一定的载荷等性能。早期的浴盆大多是用无机类材料制造,如水泥质,水磨石及陶瓷等。现在各类有机材料制造的浴盆已有很大发展,如玻璃钢浴盆、人造大理石(人造玛瑙)浴盆等。此外,各类金属搪瓷浴盆已占有一定地位。

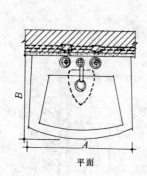
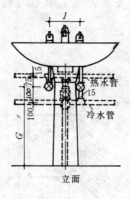
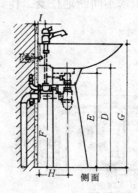

平面　　　　　　　　立面　　　　　　　側面

尺寸\型号	A	B	C	D	E	F	G	H	I	J
PT-4	710	560	800	660	590	500	550	200	65	200
PT-6	680	530	800	660	600	510	560	200	65	200
PT-7	56	430	800	560	585	495	540	170	65	180
PT-8	680	520	800	685	600	510	560	200	65	200
PT-9	610	510	780	610	545	455	503	185	65	200
PT-10	610	460	780	610	590	500	550	200	65	200
PT-11	590	445	800	520	580	490	540	155	45	200

图 10-14　洗脸盆安装(一)

(本图为立式洗脸盆暗管安装，PT-7、PT-11 型为普通水嘴)

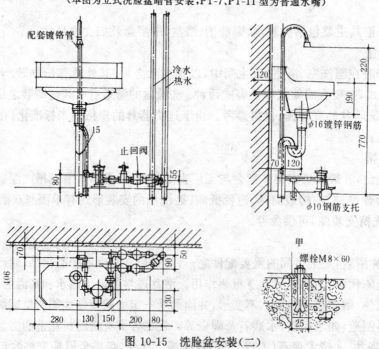

图 10-15　洗脸盆安装(二)

(本图适用于冷热水供应，脚踏开关混合洗脸盆安装)

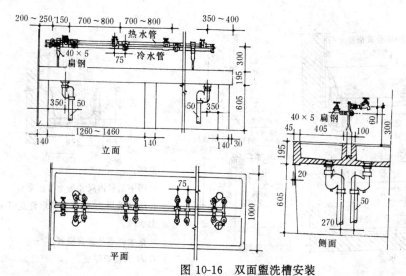

图 10-16　双面盥洗槽安装

（台长 4m 以内时，可每边装一个下水口，支架最大间距为 25m）

根据浴盆材质的不同，浴盆可分为有机类和无机类两大类：

$$
浴盆（缸）\begin{cases}
有机类\begin{cases}人造大理石（人造玛瑙）浴盆\\玻璃钢浴盆\\塑料浴盆\end{cases}\\
无机类\begin{cases}搪瓷浴盆\begin{cases}铸铁搪瓷浴盆\\钢板搪瓷浴盆\end{cases}\\陶瓷浴盆\\GRC 浴盆\\水磨石浴盆\end{cases}
\end{cases}
$$

另外按档次和使用质量，浴盆可分为普通型和豪华型两类。根据功能的需要，又分别有防滑型、裙边型、坐式及按摩浴盆等品种。我国生产和应用较多的是搪瓷浴盆、人造大理石浴盆、玻璃钢浴盆及 GRC 仿瓷浴盆。一般说来，整体钢板冲压搪瓷浴盆具有价格低、强度高、耐酸碱腐蚀等优点；人造大理石（人造玛瑙）和有机玻璃、玻璃钢复合浴盆具有色泽鲜艳、质轻及易于成型加工等特点；用玻璃纤维增强泥生产的 GRC 浴盆为新推广的浴盆产品。

玻璃钢等新型浴盆的安装较为简单，只需安装在同浴盆底部曲率相同的水泥支撑上，四边沿口用水泥、瓷砖砌实，便可久经耐用。也可使用浴盆附件——裙板，用承插式裙板将地面与浴盆盆体构成一体，既能加固又较美观。采用承插式裙板装拆简单，而且给排水孔连接管道维修带来方便。

图 10-17 为方形铸铁搪瓷浴盆的安装图，可供参考。实际施工时，应按照各生产厂不同产品的说明书中所提出的要求进行安装。

四、淋浴器

与浴盆相比，淋浴器的优点是：占地面积小，造价低，耗水量小，洁净卫生，故应用最广，它也常与盆浴配套使用。图 10-18 为淋浴器安装实例。

五、净身盆

净身盆也称妇女卫生盆，专供妇女洗濯下身之用，多设于工厂女卫生间，妇产医院及宾馆等建筑物的卫生间内。其安装方法如图 10-19 所示。

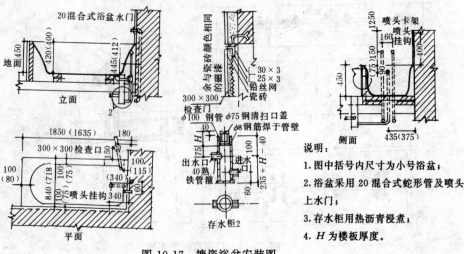

说明:

1. 图中括号内尺寸为小号浴盆;

2. 浴盆采用20混合式蛇形管及喷头上水门;

3. 存水柜用热沥青浸煮;

4. H为楼板厚度。

图 10-17 搪瓷浴盆安装图

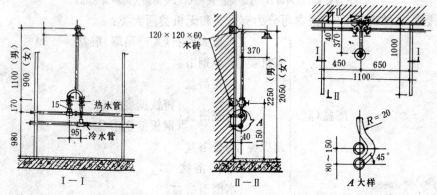

图 10-18 成品淋浴器安装示例(用焊接管管距80,用丝扣连接管距50)

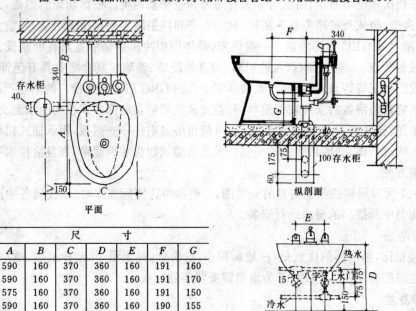

型号	尺　　寸						
	A	B	C	D	E	F	G
PT-4	590	160	370	360	160	191	160
PT-6	590	160	370	360	160	191	170
PT-8	575	160	370	360	160	191	150
PT-9	590	160	370	360	160	190	155
PT-10	590	160	370	360		10	165

图 10-19 净身盆安装图

第三节 洗涤用卫生洁具的安装

洗涤用卫生洁具主要有拖布池、化验盆。拖布池为洗涤拖布及倾倒污水之用,一般用水磨石、水泥砂浆抹面的钢筋混凝土制成。洗涤盆装置于厨房内,用以洗涤餐具和蔬菜等;化验盆装置于化验或实验室内,多为陶瓷制品。这几种洁具的构造和安装见图 10-20~10-22。

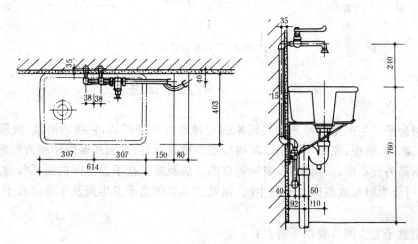

图 10-20　双柄混合式肘式开关洗涤盆安装图

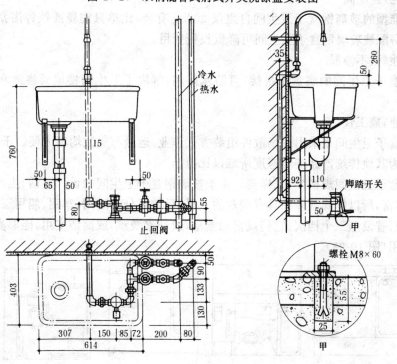

图 10-21　脚踏开关洗涤盆安装图

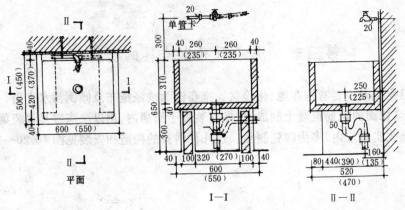

图 10-22　拖布池安装

第四节　玻璃钢盒子卫生间

玻璃钢盒子卫生间是近年来发展起来的一种新型配套产品,它包括浴盆、洗脸盆、梳妆台、坐便器、水箱、墙板、底盘等。是以玻璃纤维为增强材料、不饱和聚酯树脂为胶粘剂,以胶衣树脂为制品的胶衣层,采用手糊、喷涂等成型方法制成。盒子卫生间根据其构造及安装方式的不同,可分为组装式整体盒子卫生间、组装式半整体盒子卫生间及半整体盒子卫生间等三种。

玻璃钢盒子卫生间具有以下特点:

1. 重量轻,强度高

一套标准型的玻璃钢盒子卫生间自重仅 200kg 有余,比单只陶瓷或铁铸浴盆的重量还轻。新建楼房配装玻璃钢盒子卫生间可降低投资费用。

2. 整体性好,不渗漏

玻璃钢盒子卫生间的底盘不拼接,可防水防腐,解决了卫生间楼地面渗漏水的质量问题。

3. 干作业,施工快

玻璃钢盒子卫生间系采用现场散件组装方式作业,运输与安装均很方便。干作业施工,其施工速度为其他传统产品安装速度所难以比拟。

玻璃钢盒子卫生间规格多,式样美。由于玻璃钢盒子卫生间的设计灵活、生产制造工艺简单、色泽丰富,所以样式繁多并具有美观的效果。目前可分为陆用、车用、船用三大类别,豪华型、标准型、普及型三个档次。它们或富丽堂皇,或朴素淡雅,或简洁实用,能够满足不同层次的消费需用(图 10-23)。

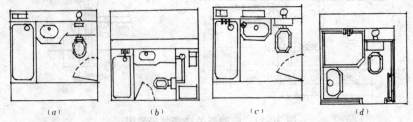

(a)　　　　　　(b)　　　　　　(c)　　　　　　(d)

图 10-23　部分玻璃钢建材厂生产的部分玻璃钢盒子卫生间平面示意图

(a)新二号卫生间;(b)二号卫生间;(c)三号卫生间;(d)船用卫生间

目前,国内几个厂家生产的玻璃钢盒子卫生间的产品规格和技术性能,见表10-2。图10-24为玻璃钢盒子卫生间的管路安装示意图。

玻璃钢盒子卫生间的产品规格、性能和生产单位　　　　表 10-2

品　名	规　格(mm)	技　术　性　能	生产单位
新1号玻璃钢盒子式卫生间	2060×1640×2300(使用尺寸) 2170×2100(外形使用)	1. 耐落冲击:1kg 重钢球,2m 高自由落下,无裂纹	
新2号玻璃钢盒子式卫生间	1930×1360×2310(使用尺寸) 2035×1820(外形使用)	2. 耐砂袋冲击:10kg 重砂袋,2m 高自由落下,无裂纹	
2号玻璃钢盒子式卫生间	1925×1360(使用尺寸) 2635×1520(外形使用)	3. 耐热水性:90℃水温 100h 不产生龟裂或变形	
3号玻璃钢盒子式卫生间	1800×1300×2300(使用尺寸) 1910×1760(外形使用)	4. 耐污染性:白度回复率 37% 5. 耐渗水性:无渗漏	
3号B玻璃钢盒子式卫生间	1550×1690(使用尺寸) 1650×1760(外形使用)	6. 耐荷重性:经 90℃水温 100h 加试 150kg 未产生裂纹和剥离	温州玻璃钢建材厂
4号玻璃钢盒子式卫生间	2540×1300×2300(使用尺寸) 2550×1410(外形使用)	7. 吸水率:0.32% 8. 树脂含量:55.4%	
5号玻璃钢盒子式卫生间	1595×1650×2300(使用尺寸) 1705×1710(外形使用)	9. 弯曲强度:186.0(MPa) 10. 耐磨性:磨耗重 3.2mg/cm²	
6号玻璃钢盒子式卫生间	2000×1000×2300(使用尺寸) 2160×1160(外形使用)		
SH-1型玻璃钢盒子式卫生间	1450×1040×2050(使用尺寸) 1560×1760(外形使用)		
玻璃钢盒子式卫生间	1600×1180×1850(使用尺寸) 1670×1170×2000(外形使用) 2100×1380×2000(使用尺寸) 2170×1450×2070(外形使用) 2000×1500×2000(使用尺寸) 2100×1760(外形使用) 2100×1500×2000(使用尺寸) 2170×1570×2070(外形使用)	1. 耐水煮性能:90℃水煮 100h,不开裂、不起泡 2. 耐污性:白度恢复率 97.85% 3. 耐磨性:磨损厚度 0.016mm<1/15 表面层 4. 耐冲击性:落球冲击不开裂,砂袋冲击不开裂 5. 巴氏硬度:32	北京市玻璃钢制品厂
玻璃钢盒子式卫生间	HD1215 型: 1500×1200×2000(使用尺寸) 1600×1300×2250(外形使用) HB1116 型: 1600×1100×2000(使用尺寸) 1700×1250×2250(外形使用) HS-1518 型: 1800×1500×2050(使用尺寸) 1850×1550×2300(外形使用)		北京 251 厂
玻璃钢盒子式卫生间	HB1116 型: 1600×1100×2000(使用尺寸) 1700×1250(外形使用) HS1518 型: 1800×1500×2050(使用尺寸) 1950×1650×2300(外形使用)		江苏省东台县玻璃钢厂

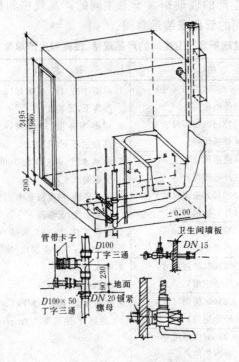

图 10-24 玻璃钢盒子卫生间管路安装示意

第五节 卫生间主要配件及洁具排水要求

建筑卫生间的配套水平,不仅能够反映一个国家的工业发展水平,而且也能够间接地反映这个国家的人民生活水准及精神文明程度。因此,近年来,我国已开始重视建筑卫生间配套五金件的发展。

卫生间配套五金件是建筑五金件(建筑五金件包括建筑门锁、门窗五金件和建筑卫生间配套五金件等)中最为重要的种类,对建筑物的质量和档次起着举足轻重的作用。

从建筑卫生间整体功能出发,整套卫生间配套五金件的数量达二十多的件(套)。它们除了满足一定的使用功能之外,大都具有装饰意义,给人们以美的享受和舒适感。

一、建筑卫生间的主要五金配件

建筑卫生间的主要五金配件有:单柄水嘴、面盆托架、面盆存水弯、进水阀、浴盆单柄水嘴(明装或暗装)、浴盆混合水嘴(明装或暗装)、万向挂器、浴盆溢水下水器、浴盆扶手、坐便器卡箍、低水箱冲水器、妇洗器五金配件、高水封多通道地漏、毛巾架、毛巾环、毛巾杆、手纸盒、肥皂碟、梳妆架、挂衣钩、卫生间指示插销。

前几种是为洗面盆、浴盆、水箱和坐便器配套的,称为硬配套件;后几种主要是起装饰作用,称为装饰件。它们的主要配套件及材质情况见表 10-3。

二、地漏与存水弯的安装

地漏与存水弯,为建筑卫生间主要配件中连接卫生器具及排掉污水的重要环节,必须要对其重点掌握。

130

序号	配套件名称	配套五金件名称	材质
01	洗面盆	单柄水嘴	全铜镀镍铬
02		混合水嘴	全铜镀镍铬
03		面盆托架	铸铁,表面光
04		面盆存水弯	全铜镀镍铬
05	浴盆	浴盆单柄水嘴	全铜镀镍铬
06		浴盆混合带淋浴水嘴	全铜镀镍铬
07		万向挂器	全铜镀镍铬
08		浴盆溢水下水器	全铜本色或镀镍铬
09		浴盆扶手	
10	背水箱	冲水器	塑料或全铜本色
11	(低水箱)	进水阀	全铜镀镍铬
12	坐便器	坐便器卡箍	铸铁或全铜
13	卫生间地面	高水封多通道地漏	铸铁或全铜
14	卫生间	毛巾环	
15		毛巾架	
16		毛巾杆	
17		肥皂碟	
18		手纸盒	锌合金镀铬镀铜或全铜本色
19		梳妆架	
20		可盅架	
21		挂衣钩	
22	卫生间门	卫生间指示插销	

(一)地漏

地漏是专供排除地面积水而设置的一种卫生器具。一般装在厕所、盥洗室及浴室内。使用最多的是铸铁制品,也有塑料制品。图 10-25 与表 10-4 为地漏及其规格。地漏安装质量如何,直接影响卫生间的使用质量。它既要排水畅通,又要做到不渗水、不漏水。地漏一般安装在地面最低处,地面需做 0.005～0.01 坡向地漏的坡度,箅子顶面应比该处地面低 5～10mm(图 10-26)。

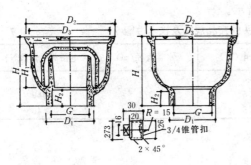

图 10-25 地漏

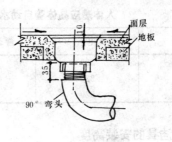

图 10-26 地漏的安装

地漏规格表　　　　　　　　　　　　　　　　　　　　表 10-4

管径(mm)	尺 寸						
	C	D_1	D_2	D_3	H	H_1	H_2
40	40	74	142	128	110	50	25
50	50	74	142	128	110	50	25
75	80	105	194	179	118	55	30
100	100	130	240	224	140	70	35
125	125	158	280	262	150	70	35
150	150	188	316	296	160	75	36

（二）存水弯

存水弯是装置于卫生器具下面的一个弯管,里面存有一定深度的水,称为水封。水封的作用是阻止排水网中的有害气体通过卫生器具进入室内。因此,除器具本身已带存水弯者之外,都应在排水管上装存水弯。存水弯多为铸铁制品,其形式有 P 形与 S 形两种(图 10-27),规格尺寸多样(表 10-5、表 10-6)。

P 形存水弯规格表　　　　　　　　　　　　　　　　　表 10-5

管径(mm)	尺 寸											
	D	D_1	H	H_1	H_2	R	R_1	R_2	L	F	E	C
40	37.5	62	117.75	66.25	40	21.25	26.25	5	100.75	27	5	22	40
50	50	78	155	90	57	27.5	33	8	126	30	5	50

S 形存水弯规格表　　　　　　　　　　　　　　　　　表 10-6

管径(mm)	尺 寸											
	D	D_1	R	H	H_1	H_2	H_3	H_4	H_5	G	R_1	R_2	L
40	37.5	62	21.25	156	68	139	88	27	22	40	5	5	86
50	50	78	27.5	170	80	155	90	30	25	50	5	8	110

三、人体感应晶体管自动水龙头

人体感应晶体管自动水龙头的自动装置,是利用晶体管元件组成的,它可以控制水龙头(即电磁阀)自动开关,是一种新型的水龙头。当人们洗手时,只要把手伸向水龙头,水就会自动流下;当人体或手离开水龙头后,水流即自动停止。这种自动控制水流开关的位置,适用于医院、饭店、旅馆以及人流比较集中的公共场所。具有清洁卫生、方便等特点。其产品规格及技术性能,见表 10-7;其安装构造见图 10-28 所示。

人体感应晶体管自动水龙头的产品规格及技术性能　　　表 10-7

型 号	电源电压(V)	静态耗电(W)	水管直径(m)	电磁阀吸力(kN)
J2S-1	220	1.5	1	≥50
JZ-3/4	220	1.5	3/4	≥40
JZ-1/2	220	1.5	1/2	≥40

四、卫生洁具的安装高度

卫生洁具的安装高度标准,见表 10-8。

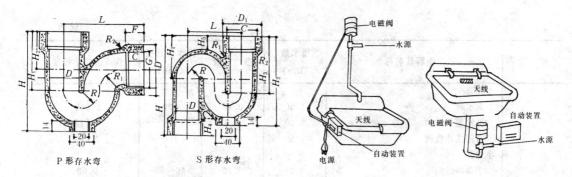

| P形存水弯 | S形存水弯 | 图 10-28　人体感应晶体管自动水龙头安装示意 |

图 10-27　存水弯

五、卫生洁具排水的要求

与室内给水系统一样,每个卫生器具的排水量也折算成当量,以拖布池的排水量 0.33L/s 作为一个当量值。各种卫生洁具的排水量、当量、排水管径及坡度如表 10-9 所规定的标准。

卫生洁具的安装高度　　　　　　　　　　　　　　　　表 10-8

序　号	卫 生 器 具 名 称	卫生器具边缘离地面高度(mm)	
		居住和公共建筑	幼儿园
1	架空式污水盆(池)(至上边缘)	800	800
2	落地式污水盆(池)(至上边缘)	500	500
3	洗涤盆(池)(至上边缘)	800	800
4	洗手盆(至上边缘)	800	500
5	洗脸盆(至上边缘)	800	500
6	盥洗槽(至上边缘)	800	500
7	浴盆(至上边缘)	550～600	
8	蹲、坐式大便器(从台阶面至高水箱底)	1800	1800
9	蹲式大便器(从台阶面至低水箱底)	600	600
10	坐式大便器(至低水箱底)(外露排出管)	510	
11	坐式大便器(至上边缘)(外露排出管)	400	
12	大便槽(从台阶面至冲洗水箱底)	低于 2000	
13	立式小便器(至受水部分上边缘)	100	
14	挂式小便器(至受水部分上边缘)	600	
15	小便槽(至台阶面)	200	150
16	化验盆(至上边缘)	800	
17	妇女卫生盆(至上边缘)	380	
18	饮水器(至上边缘)	1000	

卫生器具的排水量、当量、排管管径和管道的最小坡度　　　　　表 10-9

序　号	卫生器具名称	排水量 (L/s)	当　量	排水管管径 (mm)	管道的最小坡度
1	污水盆(池)	0.33	1.0	50	0.025
2	单格洗涤盆(池)	0.67	2.0	50	0.025
3	双格洗涤盆(池)	1.00	3.0	50	0.025
4	洗手盆、洗脸盆(无塞)	0.10	0.3	32～50	0.020
5	洗脸盆(有塞)	0.25	0.75	32～50	0.020
6	浴盆	0.67	2.0	50	0.020
7	淋浴盆	0.15	0.45	50	0.020

序　号	卫生器具名称	排水量（L/s）	当　量	排水管管径（mm）	管道的最小坡度
8	大便器				
	高水箱	1.50	0.45	100	0.012
	低水箱	2.00	6.0	100	0.012
	自闭式冲洗阀	1.50	4.50	100	0.012
9	小便器				
	手动冲洗阀	0.05	0.15	40～50	0.02
	自动冲洗水箱	0.17	0.50	40～50	0.02
10	小便槽（每米长）				
	手动冲洗阀	0.05	0.15		
	自动冲洗水箱	0.17	0.50		
11	妇女卫生盆	0.01	0.30	40～50	0.02
12	饮水器	0.05	0.15	25～50	0.01～0.02

针对生活污水含杂质多,排水量大而急的特点,为防止管道堵塞,排水管道的最小直径有如下规定:

(1) 单个洗脸盆、浴盆、妇女卫生盆等排水管最小管径可采用 40mm 的钢管,其他排水管不得小于 50mm;

(2) 小便槽或连接两个以上的手动冲洗小便器,不得小于 75mm;

(3) 大便器的排水管,即使只安装一个大便器,也不得小于 100mm;

(4) 医院卫生间和洗污间,含有棉花球、纱布碎块等杂物的洗涤盆或污水盆的排水管不得小于 75mm。

卫生器具安装时,应保证其排水的排出口与排水管承口的连接处必须严密不漏。排水栓和地漏的安装应平正、牢固,并低于排水配面,不能有渗漏现象。排水栓应低于盆、槽底表面 2mm,低于地表面 5mm;地漏低于安装处排水表面 5mm。

复 习 思 考 题

1. 试述便溺卫生器具的安装。
2. 试述盥洗沐浴洁具的安装。
3. 试述洗涤用卫生洁具的安装。
4. 玻璃钢盒子卫生间有哪些特点?

第十一章　建筑装饰工程施工的组织与管理

　　随着国民经济的迅速发展,以及人民生活和审美水平的日益提高,近几年来,一批装饰标准较高的现代公共建筑在各地迅速兴建,从高层商住楼宇到某些家庭住宅,开始盛行现代装饰,较为普遍地掀起一股前所未有的"装饰热",推动了装饰施工行业迅速发展。但是有的"皮包公司"从中投机,进行无规范施工,粗制滥造、偷工减料而一味追求利润。由此可见,加强建筑装饰企业的管理和整顿是十分必要的。同时,对于装饰施工企业,在企业内部以及在装饰工程施工中,加强现代化的组织与管理,具有重要的意义。搞好施工组织与管理,是提高装饰工程施工的生产效率,降低成本并提高工程质量的前提和保证。只有提高生产效率,企业才有生命力;只有确保工程质量,才有可能增强企业的社会竞争力。

　　建筑装饰是建筑物的组成部分,建筑装饰工程施工也是建筑工程施工的有机组成部分,故其大部分组织管理的内容同其他分部工程的内容基本一致。但是,建筑装饰工程具有技术与艺术的双重属性,因而就有与建筑工程其他分部有所不同的特点。比如对施工技术人员的素质要求,在装饰工程施工中,仅靠运用各种技术手段来完成施工任务,往往是不够的,它需要操作人员同时具备一定的艺术修养,这样才能真正领会装饰设计的意图,并在施工实践中体现与完善设计构思,达到尽善尽美的建筑装饰效果。

　　现代建筑装饰工程施工的组织与管理,特别是对于高级装饰工程施工的组织与管理,是近些年来才得以实践和逐步取得经验的,在不少方面尚处于摸索和探讨阶段。因此,我们只是就建筑装饰工程施工较普遍的现实情况,介绍有关组织与管理的基本知识。它的大部分内容并不是一成不变的,它将随着现代管理科学与建筑及其装饰业现代化的发展进程而不断开拓。同时,它将更密切地结合我国社会主义经济体制的深化改革以及建筑装饰工程技术水平与施工队伍素质的不断提高,而逐步攀登现代化管理的新高峰。

第一节　建筑装饰工程施工的程序

　　建筑装饰工程施工是一项十分复杂的生产活动,需要按照一定的程序进行。它同建筑安装工程的施工程序基本相同,一般可分为接受任务阶段、开工前的规划准备阶段、开工前的现场条件准备阶段、全面施工阶段、竣工验收与交付使用等五个阶段。

一、接收任务阶段

　　我国建筑及建筑装饰企业接收任务的方式有三种,一是由上级主管部门指定下达;二是经上级领导部门同意,建筑和装饰企业自行对外承揽任务;三是投标议标承包制。

　　(一) 由上级主管部门指定下达任务

　　这是一种以行政管理手段下达任务的指定方式,随着我国经济体制改革的深入发展,除比较重大的国家建筑项目之外,这种指定下达任务的方式会逐渐减少。

　　(二) 经上级领导部门同意,建筑和装饰企业自行对外接受任务这种自行承揽任务的方式已比较普遍,随着上级主管单位下达任务的逐渐减少,这种自行承揽任务的方式将会成为企业接受任务的一种主要方式。

(三)招标、投标承包制

招标与投标方式,目前已较普遍,它比较符合用经济规律管理经济的原则,有益于促进施工企业改善经营管理,提高企业素质,克服依赖现象,有益于建筑及装饰行业间的竞争和发展。它一般包括以下步骤:

1. 招标

招标的方式较多,根据建设项目的性质和特征,一般多采用以下四种方式:

(1)公开招标　建设单位通过电视、报纸等新闻媒介以及公告等形式,发出某项工程需要施工的消息,进行公开招标。并建立有关部门和有关科技人员参加的评标小组,对投标单位的资格、业绩以及报价逐一审查。因此,其工作量大,因素多,须慎重态度。

(2)邀请招标　建设单位对较为了解的有承担任务能力的施工单位直接发出邀请通知,邀请其参加工程项目投标。这种招标方式范围较窄,但建设单位对投标单位的情况比较熟悉。同时,由于邀请招标所接待的投标者范围较小,故消耗费用较少,且容易评标,招标的质量也容易得到保证。

(3)协商议标　建设单位直接邀请一个或少数几个承包单位,通过协商,选择承包对象,确定工程造价和工期。这种方式不通过投标,而是通过协商后择优确定承包单位。协商议标的方式一般适用于小型工程或因工期紧迫而不宜进行投标择优的工程。

(4)公开招标与邀请招标相结合的方式(图 11-1)　首先在较大范围内公开进行招标,待摸清投标者的基本情况和报价后,从一定标价范围内再邀请部分承包单位参加第二次投标。这种招标方式一般是在建设新项目对工程造价心中无底,或虽已拟定出标底但对工程没有把握时采用;或者是在首次招标报价的标价与所拟定的标底相差很大,以及对投标单位的技术力量和业绩还不太了解,而难以确定最优投标单位时采用。

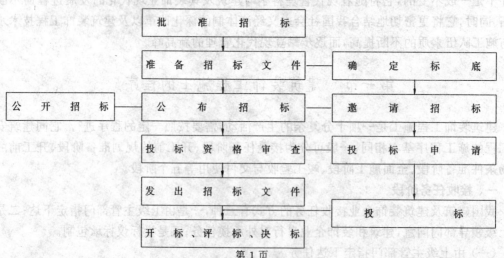

第 1 页

图 11-1　公开招标与邀请招标相结合的方式

招标工作的主要工作程序是:建立招标机构(一般由建设单位邀请有关管理部门,如招标办公室、设计单位、以及具有资职的其他科技人员),拟定标底,准备招标文件,最后进行开

136

标决标。

2. 投标报价

投标是指承包单位接受建设单位的邀请，参加工程竞争的业务活动。从广义上说，投标也是招标活动的组成部分。

（1）投标准备工作　投标活动一般要填写资格审查表，资格审查表的内容大致应包括以下几个方面：

1）施工单位名称、地址、所有制形式；

2）营业执照，登记号；

3）企业业绩，完成主要工程的经历；

4）技术力量，全员人数，工程技术人员与技术工人人数及企业技术等级；

5）现有施工机械装备情况；

6）企业承包能力情况等。

（2）现场调查　投标单位到工程现场进行调查，搜集准备报价的有关资料，如对施工场地条件、施工用水用电的供应条件、材料及外运构件的运输和堆放条件等方面的周密调查。

（3）分析招标文件制定报价策略　投标单位应对建设单位提供的招标文件进行深入具体的分析，如图纸、招标的内容和要求，以及现场条件和材料供应市场的动态变化规律等，并认真研究本企业的力量是否可以胜任该项工程任务，然后制定报价策略，进行报价的具体分析工作。

制定投标报价策略一般应考虑以下几个方面：

1）对投标效益的权衡。投标单位参加投标的目的，在于要获得较好的经济效益。如果在投标中可以得标，进而在竣工后能从中得到一定的利润；如果在投标中不能得标，但也不会因参加投标活动而造成多大利益损失，这种工程往往容易引起投标单位的积极性，一般在投标中都采用"低标"的策略，以争取较大的得标可能性。

2）对企业信誉的权衡。投标单位在一个新地区或对一项新的工程（即本企业在这一方面尚未树立信誉），拟开通市场渠道，创立企业信誉，一般是采用"压标"的方法争取得标。对于这种工程，虽得标后最终不能获得较好的经济效益，但可以树立企业信誉，为今后在该地区打开局面开创渠道。

3）对风险的权衡。对于复杂工程，由于这种工程难度大，风险性比较大，可能会受到一定的经济损失，因此需采用"高标"的策略，以减少亏本的风险。

4）对施工条件的权衡。对于自然条件和施工条件都较为困难的工程，要对各种客观影响（如拖延工期或增加生产成本等）作完全实际的分析，以确定适当的报价；同时，出于对此类工程投标者不会太多，竞争不会多么激烈，故投标时可采用"高标"的策略，得标后即可获得较大利润。

5）对施工工期要求的权衡。对工期要求较紧的工程，由于为了按期完成该项工程任务，随时需要一定额外的费用，并要承担因拖迟工期而受到罚款的风险，故对这一类工程以投"高标"为宜。

投标报价策略对于工程得标及可能取得的效益有重大影响，但是，最基本的因素还是企业的素质。一个具有良好素质的企业，在竞争中以其优势得标，必将得到更明显的经济效益和社会效益。企业在投标、得标中能否取得较大效益，主要取决于五个方面的因素：1）工程技术人员和工人的技术水平较高,能配套协作,劳动态度好,工作效率高;2)施工机具设备配套齐全,性能先进,轻便可靠,能耗少,生产效率高;3)装饰材料的品种、规格符合要求,质量好,便于施工,取材方便并价格便宜;4)施工方案先进合理,切合实际,易于得到保证,施工方便,安全可靠,设备简单,经济效果好;5)管理机构精简,办事效率高,管理费用开支少。

投标的工作程序大致如图 11-2 所示。

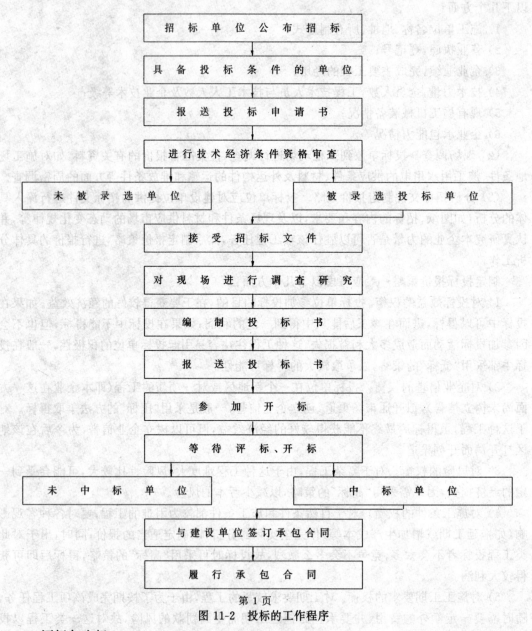

第 1 页

图 11-2 投标的工作程序

3.评标与决标

招标与投标活动之后即进行评标和决标。拥有招标权的建设单位或主管部门,对投标单位所递送的标书进行全面地审查、评比、分析,从中选择中标单位。

（1）评标 评标须实事求是,既要评出可比性,又要评出差异性。特别应强调指出的是,单一的依报价的高低来确定投标单位中标与否是不恰当的。评标指标一般有以下几项：

1）工程报价（总造价）是否在标底浮动的范围内，其他附加条款对总造价的影响程度；

2）材料指标是否先进合理，承包单位材料供应能否得到保证；

3）工程工期是否能满足要求，中标后进行施工准备工作的能力如何，能否按期开工并保证竣工日期；

4）施工组织措施方案和实施能力，保证工程进度、质量和安全的措施及能力；

5）投标单位的信誉，投标单位过去的经历及在社会上的影响。一般主要评价其领导作风、经营作风、技术能力、履约信誉等方面。

（2）决标　决标是在评标工作的基础上对标书进行分析和选择。如果承包单位的信誉较高，能严格履行合同，不参与压标与抬标，标价合理，能够体现甲乙双方的经济效益，一般在标底之下并接近标底，即可决标，即决定把工程交给这个施工单位施工，对于被挑中者来说，就叫中标，或称之为得标。

4.工程承包

所谓工程承包，是由一方负责完成另一方的某项工程，并按一定价格取得相应的报酬。委托任务并支付报酬的一方为发包人即为建设单位。承接、完成任务并取得报酬的一方为承包人即施工企业。承发包关系一般是通过合同的形式固定下来的。装饰工程的施工合同即是工程承包合同的一个种类，是建设单位（业主）与建筑装饰施工企业（或装饰施工企业之间），根据设计图纸及有关审批文件和双方协商或招标、投标所确定的条件（如工程范围、施工工期、开竣工日期、工程质量和造价等）所签订的合同。

在一个单位工程内，建筑装饰工程施工可以同主体结构或其他分部工程划分成彼此独立的承包阶段，分开进行。具体方法可灵活掌握，如总承包后的分承包，分阶段承包等。总的原则是有利于施工的质量管理，同时有利于各工序之间的衔接。如有些商业楼宇的内部装饰，由于租房客户之间各有各的要求，一般与主体结构、设备安装以及外部装饰等工程分开单独进行。有些较高级的建筑装饰工程，在本单位难于胜任时，可以另行包给专业装饰队伍。在主体工程施工完毕，找平层等工序已经完成，这样做为装饰工程施工提供了必要的开工条件。什么类型的工程采用怎样的承包方式，可视工程的具体情况而定。

二、开工前的规划准备阶段

这是保证施工任务顺利进行的一个很重要的环节，应认真做好。

1.任务摸底

详细了解工程概况、规模、工程特点、施工期限以及工程所在地区的材料供应等情况，进行统筹计划。如工程项目处于新建工业区或新开发的旅游区，还需了解新城镇的规划，当地的生活物资供应能力，生产协作的条件及物资运输条件等。如果工程项目是更新换代或属改装扩建之类，还应了解新旧工程之间有关联的问题，如地上、地下及墙内、墙外的管网线路，主体结构及基层等方面情况的影响和利用等。再如该地区的气象条件，温度变化和湿度情况，会影响到装饰材料的选用和饰面的做法。风力的大小，会影响到室外装饰材料和饰件的粘贴与悬挂。这些情况了解得越细致越好，而且越早越好，甚至在投标报价之前，就应通盘考虑各种客观因素。

2.计划安排

根据工程规模，确定承包范围和承包内容并签订好合同，按合同范围和批准的扩大初步设计或技术设计,组织先遣人员进场,根据具体情况,编制施工组织总设计或施工计划。

三、开工前现场条件准备阶段

这个阶段的工作很多,但主要应抓好下列三个方面的工作。

1．技术资料供应

设计单位应提供建筑装饰部位总平面图,平、立、剖设计、管网布置图和主要施工部位的技术设计。施工单位应提出施工组织总设计或施工计划纲要。

2．对施工场地的清理

应投入一定的力量清除施工场地上的各种障碍物,以保证下一步全面施工的顺利进行;同时安排为施工服务的临时设施,如施工用的仓库,临时加工工棚,施工工人的住宿和其他必要条件所需的设施(这些均应按施工组织总设计中规划的内容和布置进行)。

3．物资落实

落实物资供应措施和主要材料、设备的供应指标。

四、全面施工阶段

根据施工组织总设计的进度安排,逐步展开,进入全面施工阶段,此阶段主要包括下列工作。

(1) 搞好单位工程的图纸会审和技术交底。要求班组严格按照施工图和施工操作验收规范施工。

(2) 各主要分部工程施工组织计划的编制。

(3) 做好设计、各装饰工种及加工单位之间的协调工作。

(4) 抓好施工进度、工程质量和安全措施。

(5) 做好物资的供应,对材料、半成品进场要执行严格的验收和保管制度,并执行限额领料等行之有效的管理制度。

(6) 做好技术档案工作。凡是有图纸修改,以及与施工图不符的地方,必须要有详细记录,隐蔽工程阶段验收,材料的质保书、试验数据等,这些都是竣工验收和结算的依据。

(7) 做好分部工程竣工验收的准备。应及时清理和整理单位工程已完工的施工现场,搞好施工成果的保养与维护,消除各类下脚物料,各类施工机具设备等,以迎接竣工验收。

五、竣工验收与交付使用阶段

验收时,应以合同等各类文件为依据,全面或抽样进行对已竣工的工程验收,对照国家对装饰工程所规定的验收规范,搞好各方面的检查。如验收不符合有关规定的标准,必须采取措施进行整改,只有达到所规定的标准,才能确定施工质量,而后才可交付使用。

第二节　建筑装饰工程的施工准备

一、施工准备工作的任务

建筑装饰工程施工准备工作的目的,就是为顺利施工创造良好条件,以保证施工任务能够顺利地如期完成。在一般情况下,施工准备工作做得越充分,在施工过程中遇到的问题就会越少。但施工准备也并非是一劳永逸的。其原因是,一方面由于施工现场是一个动态空间,随着施工活动的进展,现场上的实际情况经常可能发生某些前所未料的变化,因而施工准备工作还意味着某种灵活变通的因素,即应及时根据施工现场某方面实际情况的变化而相应变化。另外,也可能会有一些具体问题事先难以充分地估计。因此,施工准备既是贯彻始终的,又是分阶段进行的,即上一阶段要为下一阶段的施工创造好条件,使整个施工过程完全处于有准备、有节奏的连贯状态之中。

施工准备工作的主要任务是:掌握工程的特点、技术和进度要求,了解施工的客观规律,合理部署和使用施工力量,充分地、及时地从技术、物资、人力和组织等方面为工程施工创造一切必要的条件。

二、施工技术准备

这部分工作主要是在室内进行,它包括熟悉和审查图纸,收集资料,编制施工组织设计,编制施工预算等工作。

1. 熟悉和审查图纸

设计图纸是施工的依据,按图施工是施工人员的职责。施工单位在接受施工任务后,首先应熟悉图纸,在此基础上,了解设计意图及工程特点,参加设计交底和图纸会审。在图纸会审过程中,不但要明确了解图纸上的做法,并应将图纸中不合理的地方以及施工单位就目前条件还做不到的某些要求,提出来进行商讨,最后形成一致意见,做好原始记录。在以后的施工中,如有某些情况与原设计不符时,必须征得设计单位和建设单位的同意,方能更改设计。

2. 收集资料

施工准备,不仅要从已有的图纸、说明书等文件资料中了解工程的施工要求,还要对现场情况进行实地调查,如了解施工现场的地貌、气象资料、建筑物的施工质量、空间结构特点等,必要时需做补充勘测。另外还需了解有关的技术经济条件,如地方材料资源及其供应状况,附近有无可协作的单位,有否满足施工需要的劳务等,以便制定切实可行并行之有效的施工组织设计,合理地进行施工。

3. 编制施工组织设计

施工组织设计是指导一个即将开工的装饰工程进行施工准备和具体组织施工的基本技术经济文件,是施工准备和工程施工的另一依据。施工单位要在工程正式开工之前,根据工程规模、特点、施工期限及施工所在地区的自然条件、技术经济条件等因素,编制好施工组织设计,并报有关上级单位批准。

4. 编制施工预算

施工预算是施工单位以每一个分部工程为对象,根据施工图和施工定额等资料编制的经济计划文件,主要作为控制工料消耗和施工中成本支出的依据。根据施工预算中分部分项工程量及定额工料用量,对班组下达任务,以便实行限额领料及班组核算。在编制施工预算时,要结合拟采用的技术组织措施,以便在施工中对用工、用料实行切实有效的控制,从而能够实现工程成本的降低与施工管理水平的提高。

三、施工条件与物质准备

这部分准备工作主要是为工程施工创造良好的施工条件和物质保证。一般包括下列几项工作:

(1) 进行装饰施工项目工程测量,定位放线,设置永久性坐标和参照点等。

(2) 做好施工场地、水、电、道路等施工必需的作业条件准备工作。

(3) 临时设施的准备。如需修建的施工人员的临时宿舍,文化福利及公用事业用的房屋及构筑物,为进行施工而必备的临时仓库、办公室、车库,以及有必要设立的建筑和装饰材料与预制构件的加工厂(场)等。

(4) 施工机械和物资的准备。根据施工方案中所确定的施工机械和机具需要计划,认真进行准备,按计划调拨进场安装、检验和试车。还要根据施工组织设计,详细计算所需材料、半成品、预制构件的数量、质量、品种与规格,根据物资供应进场计划落实货源,按时进场。

(5) 做好季节性施工的准备。如冬、雨季到来之前,应搞好施工现场的防水、防冻、防滑及排水等措施的落实,以确保场地运输畅通及材料、机具和构件的安全完好,同时有益于保证装饰施工质量。

其次还要组织好施工力量,调整和健全施工组织机构及各类分工。对特殊工种和缺门的工种,应做好技术培训。对职工进行计划、技术和施工安全等问题的交底,督促和检查各施工作业班组做好作业条件的施工准备。

以上所述是建筑装饰工程施工准备工作要涉及的主要问题,但由于工程量、工程档次、施工复杂程度以及地区条件的种种不同,施工准备工作也有所不同,有繁有简,故而在实施时可从实际出发进行妥善安排,不必千篇一律或视具体情况适当调整。但必须强调,力求周密地搞好施工准备工作,是保证工程施工顺利进行的一个重要前提。

第三节　建筑装饰工程施工组织设计

一、施工组织设计的作用和种类

(一) 施工组织设计的作用

施工组织设计是施工企业单位对即将开工的装饰工程进行施工准备及施工全过程的基本技术经济文件。它的基本任务是根据装饰工程施工项目的要求,确定经济合理的规划方案,对工程施工在人力与物力、时间与空间、技术与组织等方面做出全面而合理的安排,以保证装饰工程施工项目得以圆满而顺利地完成。

施工组织设计是对施工活动实行科学管理的重要手段。通过编制施工组织设计,就可以根据施工的具体条件制定施工方案,确定施工顺序、施工方法、劳动组织和技术组织措施;可以确定施工进度,保证装饰工程施工按照规定的时间完成;可以在开工之前了解到所需的材料、机具和人力及其使用的先后顺序;可以合理安排临时建筑物和构筑物,以及它们与材料、机具等在施工现场上的布置。通过编制施工组织设计,使施工单位基本上可以预计到施工中可能发生的种种情况,从而使准备工作更为充分;可以把工程的设计和施工、技术和经济、前方和后方,整个施工单位的各项施工任务的安排和某一个具体工程任务的施工组织更有机地联系起来,把施工中所涉及到的单位、部门以及施工过程中的各阶段、各装饰局部之间的关系更好地协调起来。

(二) 施工组织设计的种类

施工组织设计是一个总的名称。它根据工程项目组织施工范围的大小、广度和深度的要求,以及施工的条件,相应地编制不同范围和深度的施工组织设计。对于较大规模的工程,一般需编制施工组织总设计、分项工程施工组织设计及分部工程施工作业设计。有必要时,还可按年度、季度或施工阶段编制某一时期的施工组织设计。

1. 施工组织总设计

它是以整个工程的施工项目为对象而编制的,目的是对整个工程的施工进行统筹考虑,全面规划,对整个施工任务作以总的战略性的部署和安排,用以指导全局性的施工准备和有计划地运用全部施工力量、施工机械开展施工活动。

编制工程施工组织总设计的主要问题是选择和确定施工方案,它大致包括下列内容:

(1)确定单位工程的施工顺序及施工起点和施工流程;

(2)确定各分部工程(或施工阶段)及其流水段的划分;

(3)确定各分部工程由哪些分项工程(施工过程或工序)组成,各分部,分项工程的施工顺序;

(4)选择和确定各主要分项工程的施工方法和施工机械,提出相应的技术措施;

(5)质量与安全措施;

(6)施工场地的规划,包括:施工机械安装、材料堆放、道路和临时设施位置。

2.单位工程施工组织设计(包括不复杂的单项工程施工组织设计)

在施工总设计的指导下,针对该单位工程的具体情况而编制的战术性部署,即是单项工程施工组织设计。如果施工的项目没有群体,施工简单时,则此单项工程施工组织设计就只需根据该单项工程的条件进行编制。单项工程施工组织设计是施工单位编制作业计划和制定季度施工计划的重要依据。单项工程施工组织设计是在施工图设计完成后,以施工图为依据编制的。

3.分部(分项)工程施工作业设计

它是以某些主要的或新构造、新技术或缺乏施工经验的分部(分项)工程为对象而编制的,用以指导安排该分部(分项)工程的完成。这些分部(分项)工程往往是工程量大、占施工工期长,在单位工程中占据重要地位的施工过程,如顶棚装饰施工等。有的则是施工技术复杂而对工程质量起关键作用的分部(分项)工程。对于一般的、常见的、工人熟悉的或工程量较小,对施工全局和工期没有多大影响的施工作业,可以提出若干应注意的问题而不必详细拟订。

二、单项工程施工组织设计

(一)单项工程施工组织设计的内容

1.工程概况和施工条件

包括本工程的性质、规模、建筑结构及装饰的特征,有无特殊要求,施工现场水、电供应及运输条件,材料、构件及半成品的供应条件,甲方对装饰施工期限的要求,以及施工单位自身所具备的条件等。

2.施工方案及主要技术措施

施工方案通常指经过周密考虑后作出的施工布署计划。施工方法则是指某一具体施工问题的做法,即采用怎样的施工技术手段。此外,还应拟出保证质量和安全的技术安全措施。

3.施工进度计划

根据施工方案,按分项工程的施工顺序,用图表表示计划进度表。常用的一种进度表即横道图,这种进度表的优点是简单、清楚,缺点是从图表上看不出施工进度中的关键工序,现在在一些装饰工程施工中开始尝试用网络图绘制进度表就可克服这个缺点。

4.施工现场平面图

这是施工方案中必不可少的有关空间布置的重要环节,凡施工现场的供水、供电线路和运输道路、需修建临时建筑物、围墙、施工机械、搅拌站、加工棚及材料的堆放仓库等均在此平面图上画出,作为施工现场实际布置的根据。

（二）编制单项工程施工组织设计的依据

（1）施工组织总设计。当单项工程是整个施工工程的一个组成部分的时候,则该单项工程的施工组织设计必须按照施工组织总设计的各项指标和任务进行编制。

（2）建筑基地及环境和气象资料。

（3）材料、预制构件、配件及半成品等供应情况,包括主要装饰材料、配件、半成品的来源及供应量、运输距离和运输条件。

（4）水电供应条件,包括水源、电源进线的位置、供应量和水压、电压以及是否需要单独设置相应设备。

（5）劳动力计划,主要工种的力量配备及特殊工种的配备情况等。

（6）主要施工机械的配备情况。

（7）全套施工图及有关的标准图和各种定额手册。

（8）建设单位对工程的要求。如开竣工日期及采用新技术与新型装饰材料等。

（9）建设单位可提供的方便及施工时可占用的场地,施工现场拆迁和清除障碍物的情况。

（10）政府的有关政策等。

（三）单项工程施工进度计划的编制

单项工程施工进度计划的主要作用是控制工程施工的进度,为施工单位的计划部门提供编制季、月计划和平衡劳动力的基础,也是其他各职能部门调配材料、构件、配件、机具进场的依据。

编制单项工程施工进度计划的步骤是:

1.确定分部分项工程的项目

根据工程结构的特点,以及施工方案中确定的原则方法,按施工顺序开列出分部分项工程名称。

一般单项工程施工计划表的形式如表 11-1。

××单位工程施工进度计划　　　　　　　　　　　表 11-1

项次	分部分项工程名称	工程量		定额	需要机械		每天工作班	每班工人数	工作日	施工进度															
		单位	数量		名称	台班数				日期（天）															
										5	10	15	20	25	30	35	40	45	50	55	60	65	70	75

2.计算工程量

根据分项工程名称和施工图,逐项计算其工程量。在安排分部分项的工程项目时,为了简化进度表,可把某些项目合并,并以工程量大的项目单位为计量单位,但在计算劳动力时,还应分别计算,然后再合并在一起。如外墙贴面砖和搭脚手架,列项时可合并为外墙贴面砖,但是在计算劳动力时,则还应分别计算其各自的劳动力,然后合并在一起作为外墙贴面砖所需的劳动力。

3. 确定劳动量和装饰施工机械台班数

根据各分部分项工程的工程量和采用的定额,便可计算出完成各分部分项工程所需要的劳动量和机械台班数量:

$$完成某分项工程的劳动量 = \frac{某分项工程的工程量}{某分项工程的产量定额}$$

$$或 \qquad = 某分项工程的工程量 \times 时间定额 \qquad (11-1)$$

$$需要机械的台班数 = \frac{工程量}{机械产量定额}$$

$$或 \qquad = 工程量 \times 机械时间定额 \qquad (11-2)$$

当某分项工程是由有若干个子分项工程合并而成时,则应计算出合并后的产量定额,其公式为:

$$S = \frac{\Sigma Q_1}{\dfrac{Q_1}{S_1} + \dfrac{Q_2}{S_2} + \cdots \dfrac{Q_n}{S_n}} \qquad (11-3)$$

式中　　　S —— 综合产量定额;

$Q_1 、 Q_2 \cdots \cdots Q_n$ —— 各个参加合并项目的工程量;

$$\Sigma Q = Q_1 + Q_2 + Q_3 + \cdots \cdots Q_n;$$

$S_1 , S_2 \cdots \cdots S_n$ —— 各个参加合并项目的产量定额。

例如,假设门窗油漆一项是由木门油漆及钢窗油漆两项组成,则计算综合定额的方法如下:

Q_1 —— 木门面积 184.43m²

Q_2 —— 钢窗面积 267.37m²

S_1 —— 木门油漆的产量定额为 8.22m²/工日

S_2 —— 钢窗油漆的产量定额为 11.0m²/工日

$$综合产量定额 \, S = \frac{184.43 + 267.37}{\dfrac{184.43}{8.22} + \dfrac{267.37}{11.0}} = 9.66m²/工日$$

最后还有"其工程"项目,一般系由各零星工程合并而成,其需要之劳动量,就等于各零星工程所需劳动量之总和。

水电卫生设备安装等项目,有时由专业公司施工,可在编制其进度计划时不计算其劳动量,但应安排一个与装饰施工搭接的进度。

4. 确定各分部分项工程的工期

计算出各分部分项工程的劳动量及机械台班后,然后再根据该分部分项工程中每天安排的工人数,就可计算出该分部分项的工期(即所需的工作日)。其计算式如下:

$$完成分部分项工程的工期 = \frac{分部分项工程的劳动量(工日)}{分部分项工程每天安排的工人数} \qquad (11-4)$$

但在确定分部分项工程每天安排劳动力时,必须注意以下问题:

(1) 最小劳动组合　装饰施工中很多工序都不是一个人所能完成的,有时需要有几个人配合进行。有的工序必须在一定劳动组合下才能获得较高的生产效率。最小劳动组合是指某一工序要进行正常施工所必需的最低限度的小组人数及其合理组合。

（2）最小工作面　每个工人或一个班组施工时，都需要有足够的工作面才可发挥高效能，保证安全施工，这种必需的工作面就称最小工作面。安排人数时，必然要受到工作面的限制。不能为了要缩短工期，而无限制地增加工人的数量，否则势必会造成工作面不足而产生人力浪费窝工，甚至反而会造成工种衔接的混乱和容易发生安全事故。所以最小工作面决定了安排人数的最高限度。

（3）可能安排的人数　在安排劳动力时，只要满足上述最少必需人数和最多可能的人数范围内，结合现场班组的实际工人数安排就可以了。但应该指出，可能安排的人数，并不是绝对的，有时为了缩短工期，可以保证在有足够工作面的条件下组织非专业工种的支援。如果在最小工作面的情况下，安排了最大人数仍不能满足缩短工期的要求时，就只能组织两班制或三班制来达到缩短工期的目的。

以上各项数值算出后，即可填在表 11-1 左边的相应栏内。

5. 编制进度计划

各个分部分项工程的工作日确定后，便可开始编排进度计划。编排进度时必须考虑各分部分项工程的合理顺序，尽可能组织平行流水施工，将各个施工工序在工艺和工作面允许的条件下，最大限度地搭接起来，并力求主要工种的专业工人能连续施工。

在编排进度时，首先应分析施工对象的主要工序，即采用主要的施工机械或耗费劳动力与工时最多的工序，保证其连续作业，其余的工序则尽可能采取配合、穿插、搭接或平行施工。

进度计划的编制，不只是一个技术问题，还涉及到调查研究。即事先必须到现场考察，经过周密细致的调查，掌握第一手资料，做到胸中有数，这样作出来的进度计划才会更具有现实意义。

编制的施工进度计划，在执行过程中，不可能一成不变，因为建筑装饰施工的过程十分复杂，受客观条件影响的因素很多，如劳动力的配备，材料和半成品的供应，施工机械的周转，气候条件等方面的制约等，这些因素都会影响进度计划的贯彻。因此，需使进度计划能随时适应客观情况和条件的变化，在实施过程中不断修改和调整计划方案。在编排计划时应注意留有余地，以避免由于某些情况有变而陷入被动局面。

6. 编制劳动力、材料、成品、半成品、机械等需要量计划

有了施工进度计划之后，就可以根据它编制劳动力、材料、成品、半成品、机械等需要的计划，以便提交有关职能部门按计划调配或供应。各种材料、成品、半成品的进场时间和在现场的贮存量，应根据运输距离、运输条件以及供应情况而定。

劳动力、材料、成品、半成品、机械需要计划表的格式见表 11-2、表 11-3、表 11-4。

（四）单项工程施工平面图设计

1. 单项工程施工平面图的设计依据和内容

设计单项工程施工平面图的依据是施工总平面图，单项工程的施工详图，工程的施工方案，及施工进度计划。如果单项工程是建筑总工程的一部分，即需根据建筑总平面图所提供的条件来设计。在设计单项工程施工平面图之前，应对施工现场及有关情况作深入细致的调查研究，其中包括：

（1）详细研究工程总平面图，掌握一切有关地上地下墙里墙外的管线及各种设施，可以利用者即考虑利用，如不能利用则需采取措施进行处理。以及不能影响的应于保护。

（2）了解工程的施工进度及主要施工方案、施工方法，以便布置各阶段的施工现场。

（3）掌握劳动力、建筑装饰材料、预制构件、半成品、施工机械及运输工具等需用量及进场时间，以便计算仓库和临时建筑物的面积，确定其结构和位置。

（4）掌握施工现场的水源、电源、排水管沟、堆土、取土地点以及现场四周可利用的空地。

（5）了解建设单位能提供的用房及其他生活设施的条件。

单项工程施工平面图的比例一般采用1∶500～1∶200，图纸的内容如下：

1）建筑工程总平面图上有关管线和各种设施。

2）施工用的临时设施，包括运输道路、木工棚、材料仓库和堆场、砂浆搅拌站、化灰池、构件预制场、行政管理及生活用临时建筑、临时给排水管网、临时供电线网以及一切保安和消防设施等。

劳动力需要计划　表 11-2

项次	工种名称	人数	月 份					
			1	2	3	4	5	……

建筑装饰材料、构件、零件、半成品和设备需要计划　表 11-3

项次	建筑装饰材料、构件、零件半成品和设备名称	单位	数量	规格	月 份					
					1	2	3	4	5	……

建筑装饰工程施工机械需要量计划　表 11-4

项次	机械名称	特性	数量	月 份						备注
				1	2	3	4	5	……	

2. 设计单项工程施工平面图的原则

（1）在满足施工需要的条件下，尽可能减少施工占用场地。

（2）在保证施工顺利进行的情况下，尽可能减少临时设施费用。

（3）最大限度地减少场内运输，特别是场内的二次搬运。各种材料尽可能按计划分期分批进场，充分利用场地。各种材料堆放的位置，应根据使用时间的要求，尽量靠近使用地点，这样既可缩短运输距离，也可减少材料在多次运输中的损耗。

（4）临时设施的布置，应便于施工管理，适应工人的生产和生活需要。

（5）要符合劳动保护、安全、防火等要求。

总之，施工现场的一切设施，都应有利于施工，保证安全。根据以上基本原则并结合现场实际情况，施工平面布置可作出几个方案，选择其中技术上最合理、费用上最经济的方案。

第四节　建筑装饰工程的施工管理

一、施工管理的任务和内容

施工过程中的管理任务是：执行既定的计划进度，完成计划的指标要求，保证时间和空间的协调，使施工任务能按既定程序完成，并及时掌握施工过程的有关信息，迅速地进行调整。因此，施工过程的管理工作，即是在施工组织设计的基础上，以生产计划指标为依据，组织和管理现场施工，并对实施情况进行有效地检查，发现问题时，进行必要和及时地调度和调整。

施工过程的管理，其基本内容可归纳为：组织施工过程的实施、检查、调度和调整。

1. 组织计划实施

即按计划要求组织施工。这是一项十分复杂的工作，它要组织、协调整个专业的运作，要组织不同工种的工人和不同的机械设备，使之在不同的时间和空间位置上，按照工艺顺序的要求进行有效的工作。同时，还要根据各个工种和机械设备的需要及时供应合乎质量和数量要求的材料和半成品。

在施工过程中，施工队长是生产活动的基层直接组织者和领导者。施工队长组织能力的高低，工作的优劣，直接决定着工程的质量和任务能否完成。施工队长的基本职责和主要工作内容包括：合理安排劳动力；组织、协调机械、人员和材料供应之间的关系；负责工作面的布置和现场施工平面场地的管理；掌握生产计划进度；对工程质量和安全工作负有检查监督的责任。

2. 全面监督检查

所谓检查，就是了解和掌握情况，进行分析对比，提出今后工作的要求。整个施工过程也就是随时检查，随时提出要求和随时调整的过程。

监督检查是一项综合性的工作，它涉及到进度、质量、安全和节约等方面的指标。通过监督检查要做到对整个工程进行全面了解和控制，而不只是孤立地对某一项指标进行监督。检查可分为定期检查和经常性检查两种。所谓定期检查，是指经过一定的时间阶段便进行一次的检查工作，如旬计划的进度控制；或工程进行到某一段落，或工程竣工前的检查。所谓经常性检查，是指时刻对工程进行检查，随时发现问题随时进行纠正。这两种检查方式是相辅相成的，但关键是经常检查要成为一种制度。检查的方法，一般是到现场实地进行调查了解。其内容包括：了解形象进度、劳动组织、施工方法和操作的情况；材料的质量及消耗量；安全措施等。此外,还应检查原始记录和报表,如隐蔽工程记录,材料试验的数据,限额领料的报表等。

3.调整和调度

对检查中得到的信息,进行分析对比,从而找出差距,发现问题,然后合理调度人力和物力,调整施工组织,适当调整原计划,使之能在新情况下达到新的平衡。

二、施工调度

(一)施工调度的任务

施工调度是施工指挥的重要手段,是组织施工中各环节、各专业、各工种协调动作的中心。它的主要任务是:监督、检查计划和工程合同的执行情况,协调总、分包及各协作单位之间的协作配合关系,及时地、全面地掌握施工进度,采取有效措施,处理施工中出现的各种矛盾和问题,克服薄弱环节,促进人力、物资的综合平衡,保证施工任务又快又好又省地完成。

(二)施工调度工作应遵循的原则

调度工作必须遵循下列基本原则,才能起到积极作用。

1.调度工作的基础

没有计划,也就无所谓调度,这是基础。在制订计划时,虽已考虑了施工的平衡,但在执行过程中,由于各种原因,会使计划失去平衡。这时应及时请示上级,修改和调整原计划及施工组织设计文件,使施工过程在"平衡——不平衡——平衡"的情况下进行。

2.调度工作必须有权威性

调度的决定必须贯彻落实,但调度的决定也不是行政命令,它是在一定的范围内发挥集中统一的权威作用。

3.调度工作必须准确果断

调度所作出的决定是建立在了解情况和掌握矛盾的基础之上的,所以其熟悉情况、分析原因和提出的处理措施都必须准确。同时,施工现场是一个动态的现场,经常处于变化的状态,因此,一旦看准了问题,就应果断地作出决定,以使施工顺利进行。

4.调度工作必须具有科学性

调度是一个系统工程,有时决不是某一方面简单调整,它涉及到劳动力,机械设备、进度计划等等,因此,必须具有科学性。

5.调度工作应具有及时性

所谓及时性,即不仅要及时发现施工现场存在的问题和矛盾,而且要及时执行调度决定,采取措施,解决问题,调度如不及时,也就失去了调度的意义。

6.调度工作应有预见性

根据本施工单位的技术水平和人员素质,按照组织施工的规律性,对在施工过程中可能发生的问题作出预见性的估计,并采取适当的防范措施和对策。

7.调度工作应抓住重点

在整个施工过程中,由于施工的复杂性和可能出现的问题是多方面的,故应分清施工过程中的关键性问题,抓住重点,抓住主要矛盾,坚持"一般服从重点"的原则。当人力、物力有限时,即使放弃解决某些次要问题也要保证重点。

8.调度工作只是调度生产

它的职责范围,只能根据施工计划和施工组织设计的要求来调动人力和物力,调整组织和管理工作,而不能干预和替代其他职能部门的工作。

（三）施工调度的内容

（1）检查计划执行中存在的问题,找出原因,积极采取措施予以解决。

（2）督促检查各有关部门对材料、劳动力、施工机具、运输车辆及构件等的供应情况。

（3）督促检查施工现场道路、水、电及动力的使用情况,建立正常的施工秩序。

（4）迅速准确地传达上级部门对施工方面的各项决定,并督促、检查执行情况。

（5）做好天气预报,督促施工现场及时做好防寒防冻、防暑降温、防雨防台风等措施。

（6）定期召开施工现场调度会议,并检查会议决定的执行情况。

（四）加强施工调度的措施

施工调度是施工管理中一项十分重要的工作,要做好此项工作,必须采取如下措施:

1. 建立调度机构

现代的施工必须要有强有力的调度机构。公司、工区、施工队及有关职能部门,都要建立生产调度机构。

2. 建立和健全调度工作制度

调度制度一般包括调度值班制度、调度会议制度、调度报告制度和现场碰头会制度。

（1）现场碰头会　每天下班前和上班后或隔一定时间（如隔日）在施工现场召开班组长碰头会,及时反映进度及所发生的问题,使问题能及时得到平衡和解决。

（2）调度值班制　为了组织调度,及时处理施工中发生的问题,在一定机构范围或现场都应建立值班制。其工作包括经常检查施工情况和计划完成情况;检查调度会议的决定执行情况;填写施工调度日记,记录当班处理和发生的问题。

（3）调度报告制　为了使领导和上级调度机构能及时了解情况,各级调度机构应把每天所发生的较重大的问题和基本生产情况报告上级,以便于领导掌握情况指导施工。

（4）调度会议　这是企业上级了解情况、进行协调工作的一种形式。这种会议可定期举行,也可临时召开,也可采取电话会议的方式,主要是解决公司范围内施工中出现的关键问题。

调度机构中一般应由技术生产负责人来领导调度工作。为保证调度工作的工作效率,还应配备一定的技术设备,如调度电话、无线电话机、电传打字机及工业电视等。

三、生产要素管理

生产要素管理主要指劳动管理、材料管理和机械设备管理三大要素。

（一）劳动管理

劳动管理是企业管理和工程管理的重要组成部分。劳动管理的任务是,在工程施工过程中,对有关劳动力进行计划、决策、组织、指挥、监督和调度,从而协调职工的工作,充分发挥职工的积极性,不断提高其劳动生产率。劳动管理的目的是:

（1）充分挖掘劳动资源,合理安排和节约使用劳动力。

（2）正确执行定额,合理调整劳动组织,充分挖掘劳动潜力。

（3）贯彻按劳动分配原则,正确处理国家、集体和劳动者个人的利益和关系,充分调动广大职工的积极性。

劳动管理是对劳动力及其劳动活动的管理,它具有特殊的重要性。建筑及其建筑装饰施工是劳动密集型的生产过程,又具有流动性、单件性、生产周期长以及露天作业多等特点,因此,对劳动力及其劳动活动进行有效的管理,就更具有重要意义。

1.劳动管理的内容

劳动管理的内容,主要包括以下四个方面:

(1)劳动力管理　编制劳动力使用计划,合理、节约、控制使用劳动力,改善劳动组织,完善劳动的分工和协作关系,制订劳动力调配管理办法,挖掘劳动潜力。

(2)劳动定额管理　建立健全劳动定额管理制度,确定合理定额水平,监督劳动定额的使用。

(3)劳动工资管理　合理执行工资制度,控制工资限额,搞好按劳分配,正确掌握奖惩制度。

(4)施工任务书管理　施工任务书是在基层反映企业管理和工程管理的表现形式,是考核班组生产的依据,是实行按劳分配的原始凭据,是组织班组生产、发挥班组积极性的重要手段。

2.劳动计划和劳动生产率

(1)劳动计划　劳动计划是生产计划的一个重要组成部分,也是实施生产计划的保证条件之一。工程劳动计划的编制依据是:工程进度计划、劳动生产率计划水平和职工工资基金限额。因此,工程劳动计划编制得是否合理,直接影响到工程进度计划的实施。

工程劳动计划的内容包括:确定计划内劳动力的需要量;随着施工过程的进展合理地调整各种劳动力;保证劳动力的协调和合理使用。

劳动计划中确定劳动生产率水平是关键性的因素,也是工程管理水平的重要标志。

(2)劳动生产率　劳动生产率是劳动者在生产中完成任务的效率。不断提高劳动生产率,是装饰企业工程管理的一项重要任务,具有十分重要的意义。

1)提高劳动生产率是节约劳动力,减少职工人数,缩短劳动时间的基本途径。发展生产、提高劳动生产率的主要手段是依靠科学技术进步、提高职工素质、加强科学管理。

2)提高劳动生产率是降低工程成本,提高经济效益,增加企业积累的重要途径。

3)提高劳动生产率是发展生产的有效途径。延长劳动力的工作时间固然可以增加产量、发展生产,但利用增加劳动强度的方法来提高生产率是有限度的。只有依靠科学技术进步和科学管理方法来降低劳动消耗量,才具有更大的潜力,才是发展生产的有效途径。

4)提高劳动生产率是改善人民物质文化生活的基本手段。提高劳动生产率意味着社会物质财富的增加和职工工资水平的增加,这是提高人民物质文化生活水准的物质基础。

(3)劳动生产率的表现形式　劳动生产率指标表现了生产单位产品所需要消耗的劳动量,或在单位时间内所能生产产品价值的大小。它一般可以采用以下表现形式和计算方法:

1)以实物量计算劳动生产率。这种表现形式是以实物形态表示每一分部分项工程(如外墙抹灰工程、大理石饰面板镶贴工程、墙纸裱糊工程……等)。它能直接反映劳动生产形态,比较直观,便于在不同单位或不同时期之内对劳动生产率进行比较。其计算公式为:

$$实物劳动生产率 = \frac{产品的实物量}{完成该实物量的平均人数(包括辅助工人)}$$

2)以产值数量计算的劳动生产率。产值是以货币量表现的,它把不同的实物形态量以价值形态换算为金额,用以计算一个劳动者在单位时间内所完成的价值量。其计算公式为:

$$装修工人劳动生产率 = \frac{自行完成装修工作量(元)}{装修工人及学徒平均人数(人)}$$

3)以定额工日计算的劳动生产率。这种计算指标能反映工人完成定额的水平,其表现形式比较科学,具有广泛的可比性。其计算公式为:

$$装修工人劳动生产率 = \frac{定额工日总数(工日)}{装修工人及学徒平均人数(人)}$$

以上三种劳动生产率指标,从不同的侧面反映了劳动生产的技术水平在和操作熟练程度,以及管理水平和工作效率。

(4)提高劳动生产率的途径 劳动生产率的高低受各种因素的影响。包括主观因素和客观因素两个方面。

主观因素:工人对工程任务的理解和掌握程度,劳动态度和生产过程中的情绪,组织安排的合理性,对新技术的认识和掌握程度,以及采用定额和工资分配的合理性等。

客观因素:工人的技术操作水平和熟练程度,劳动技术装配程度及设备效率的发挥,劳动生产的组织形式,计划安排的合理性和管理水平,材料的质量和供应情况,设计的合理性和劳动条件等。

由于以上因素其影响的程度不同,所以提高生产率应针对具体情况采取不同的措施。一般应考虑以下几个方面:

1) 开展科学研究,促进技术进步。我国的建筑业尚未完全摆脱笨重的体力劳动,施工技术水平还比较低,生产效率不高。尤其是装饰施工企业,作为一个单独行业,只是近年才开始,有好多工作还处于摸索阶段。因此,必须全面开展科学研究工作,促进施工技术的进步,提高机械化程度,采用先进的生产技术、施工工艺和操作方法,研制和采用新型材料等。

2) 提高管理水平,科学地组织生产。目前,我国的建筑及装饰工程的管理水平还不高,从而影响了生产效率的提高。因此,必须改革管理体制,采用先进的管理方法和手段,以适应现代化生产的需要。由于建筑及其装饰工程的施工生产分工细,新材料、新工艺的不断出现,情况复杂并对工期有着较严格的要求,所以管理工作就更显重要。必须加强科学管理和组织生产的研究工作,使其成为促进生产迅速发展,不断提高劳动生产率的重要手段。

3) 合理制定定额,贯彻按劳分配原则。必须根据实际情况和现有的技术条件制定先进合理的定额标准,并加强定额管理。

4) 改善劳动组织。劳动组织是为适应生产过程的劳动分工和协作的一种表现形式,它的根本作用在于促进生产、完成任务。建筑装饰工程的特点和工程的多变因素,要求建立相应的劳动组织形式。合适的劳动组织形式有利于个人技术的发挥,以及工种之间的分工配合和协作,并有利于建立岗位责任制,以促进劳动生产率的提高。

5) 提高职工的科学技术水平和技术熟练程度。应采用各种形式加强职工的文化、技术教育,使所有参加生产的职工都能掌握一定的现代化管理知识和有关的新工艺、新技术、新方法,这是提高领导和工人素质的有效措施。

3. 劳动定额

(1)劳动定额的性质 劳动定额是在一定的生产技术和生产组织的条件下,劳动者完成某项生产任务所需的劳动消耗量标准。劳动定额是建立在一定社会生产力发展水平基础上的,并且随着社会生产力的发展而不断提高。劳动定额有两种基本形式,即时间定额和产量定额。

时间定额:指在合理的劳动组织和合理使用材料的条件下,生产单位合格产品所必须的工作时间。时间定额单位以工日表示,如工日/m²(m³)。

产量定额:指在合理的劳动组织和合理的使用材料的条件下,单位时间内工人所完成合格产品的数量。产量定额以产品数量表示,如 m²(m³)/工日。

时间定额与产量定额互为倒数,其表达式为:

$$时间定额 \times 产量定额 = 1$$

$$时间定额 = \frac{1}{产量定额}$$

$$产量定额 = \frac{1}{时间定额}$$

劳动定额的概念,产生于资本主义科学管理阶段,它是资本家残酷剥削工人剩余劳动的手段,但又是促进科学管理、提高劳动生产率的一种有效方法。在社会主义制度下,劳动的性质发生了根本的变化。工人是国家、企业的主人,社会主义企业实行劳动定额的目的,是为了加强生产管理,充分利用和节约劳动时间,缩短生产周期,保证生产过程中各个环节的互相协调,不断提高劳动生产率,促进生产发展。在社会主义企业中,劳动定额具有科学性、法令性和群众性的特点。

(2)劳动定额的作用

劳动定额是在正常生产条件下劳动生产率的标准,是衡量劳动消耗量的尺度,是计划管理的基础,是组织劳动生产的依据。在工程施工管理中,劳动定额具有以下重要作用:

1)劳动定额是编制工程计划的依据。工程施工计划和劳动计划是必须以劳动定额为依据,执行计划和组织生产也必须依据劳动定额来进行调整和调配劳动力。通过制定和贯彻执行平均先进的劳动定额,可以提高企业和工程的计划管理水平。

2)劳动定额是合理组织劳动生产的依据。工程施工是一种有组织的生产活动,如何使劳动力在时间上和空间上都得到合理的安排,协调地进行工作,所依据的标准就是劳动定额。如按施工进度安排劳动力,签发班组生产任务单等。

3)劳动定额是核算劳动成果、实行按劳分配的依据。工程施工任务完成的好坏,一般都是通过定额完成情况来评价的,如完成任务量超过劳动定额标准,也就是超额完成了任务。应根据任务的完成量计算报酬,超过定额标准时应给予奖励。如果没有劳动定额,按劳分配也就失去了衡量的标准。

4)劳动定额是经济核算的重要基础。劳动定额是编制计划成本的重要依据,而计划成本又是经济核算的主要内容。

5)劳动定额是提高劳动效率的重要手段。劳动定额规定了平均劳动生产率水平,即工人在一定的工作时间内,应当完成的生产任务。在制定提高劳动生产率的措施时,应将定额具体落实到各个班组和每个职工,使工人对自己应当达到的劳动效率水平心中有数,这样才能更有效地安排劳动力,合理使用工时,节约工时消耗,达到提高劳动生产率的目的。

(3)制定劳动定额的原则和方法 制定劳动定额必须符合先进合理的原则,所谓先进合理,就是要高于社会平均水平,但也不能高到不适当的程度。

制定劳动定额,首先应合理地划分工作内容,从实际出发进行工时消耗分析,排除不必要的劳动动作,安排正常合理的工作条件,采用适当的设备和工具等,然后进行科学的测定和定额的制定。制定定额的方法,一般有以下三种:

1）经验估计法：召集有经验的职工，对所测定项目的工艺规程和生产条件进行分析，考虑过去完成类似项目的定额水平，对其加以估计，并制定新的定额。其优点是简单易行，花费时间少，但它受主观因素的影响较大，且准确性较差。

2）统计分析法：利用过去经验中积累的数据资料，经过分析整理，制定定额标准的方法。它一般适用于类似工程的定额制度，但也包含有过去生产过程中的不合理因素。

3）技术测定法：是通过对生产技术条件和生产组织条件的分析，拟定合理的生产条件，确定合理的工艺操作方法，然后进行科学的测定，从而制定定额的一种方法。其优点是具有科学依据，准确性高，但方法复杂，工作量大。

4.劳动组织、劳动纪律

任何一项工程施工都是一种复杂的劳动过程，并不是一个人或少数人便可以胜任的，它需要不同工种的工人协调配合才能完成。劳动组织工作就是在劳动分工的基础上，把工人之间的协作关系以机械的形式固定下来，使其能充分发挥作用。劳动组织的原则有以下几点：

（1）按照工艺的特点和工程对象的特征采取相应的组织形式。

（2）在生产过程中，有利于发挥工人的主动性、积极性和技术水平。

（3）要有相对的稳定性，在生产过程中形成一种较为固定的技术骨干力量，互相配合默契，有利于调度管理。

劳动组织所进行的生产过程，也就是集体协作、共同劳动的创造过程。没有协调和统一，就不能发挥劳动组织的作用。没有强制性的纪律，也就难以取得协调和统一的行动。因此，劳动纪律是任何集体生产过程中不可缺少的基本条件。要严肃劳动纪律，就须做到以下几点：

1）遵守组织纪律，明确分工和领导与被领导的关系。

2）遵守一切规章制度，以及规程、规范等的要求。

3）严格进行考勤。

4）明确责任、奖惩分明。

（二）材料管理

材料是建筑装饰工程施工的物质保证。材料管理在工程施工管理中占有十分重要的地位。建筑材料和装饰材料在建筑及其装饰工程过程中构成工程的实体，在工程中所占的费用比例甚至多达60%～70%。在建筑及其装饰工程中，使用的材料品种规格繁多，消耗量大，而且由于工程对象不同，所需要的材料也有很大差异。就是在同一工程项目施工的各个阶段，其所耗材料的品种、规格、数量也不大一样。由于材料的需要量大，品种规格多且极不均衡，同时，这些材料供应又都是多渠道、多方式、多货源，这就增加了材料保管的复杂性。因此，协调好供需的平衡关系，加强材料管理，是搞好工程施工的先决基本条件。

1.材料供应计划

材料供应计划是建筑企业生产计划，工程进度计划和财物计划的重要组成部分，是保证工程施工的重要条件，也是材料采购、订货、运输、储存、管理和使用的依据。

工程施工材料供应计划的制定，是根据工程施工进度、工程特征及工程量计算出材料需要量。在同一时期对不同分部工程所需要的相关材料应进行迭加，然后根据货源及交通运输情况确定材料的储备天数，根据现场的需要和可能提出供应计划。

编制材料计划实质上就是确定材料需要量，材料储备量和申请供应量。材料供应计划应根据工程进度,按工程的材料预算分项用料分析表进行编制。编制好材料供应计划,就要开始组织货源进行采购,确定供应方式和运输方式,组织运输,设立仓库,组织仓库管理,供应现场施工,进行现场管理等项工作。只有抓好这些环节的工作,才能保证材料供应计划的实施。

2. 材料的现场管理

工程施工对材料管理的要求主要在于材料现场管理。它包括按供应计划组织材料进场、堆放、保管、供应和监督使用等各项工作。在不同的施工阶段,现场材料管理的内容和要求也不相同。

(1) 施工准备阶段的材料现场管理　现场材料仓库的位置是根据施工组织设计中的施工总平面图进行安排的,但可以根据现场情况、运输条件及工程进度的安排变化适当地调整仓库位置。进场材料必须先经过验收,检验其品种规格、质量、数量是否符合要求。对大宗材料,则必须抽样验收,清点数量。

现场保管不仅要管存,还要管供、管用,做到存要保质,供要及时,用要合理,通过保管工作把材料的供与用沟通起来。此外,要注意现场材料的清理工作,及时清场回收,加速材料周转或重复使用,减少材料损失。要坚持现场文明施工,做到工完场清。组织运输供应,可连续小批量供应,也可间断性大批量运输,总之,能保证工程开工后连续进行施工的需要。

(2) 施工过程中的现场材料管理

1) 材料进场必须坚持检查、验收制度,进料的数量应能满足工程进度计划的需要,保证进料、计划与消耗的平衡。

2) 坚持限额领料,并根据工程进度发放,监督合理用料,不允许大材小用、优质劣用,了解现场用料情况并及时盘点准备材料。

3) 清理现场及时回收下脚料及落地灰,做到工程完工后现场无剩料。对周转性材料应增加周转使用次数,加快周转速度,做到节约用料,以致提高生产效益,同时也是保持现场文明施工的需要。

(3) 工程完成竣工后现场材料管理　掌握库存,防止竣工后仓库仍有剩料。及时拆除临时设施,做到工完场清,并及时进行材料核算。

(三) 机械设备和工具管理

1. 机械设备管理的意义和任务

机械设备是施工生产所必不可少的技术物质基础,随着建筑工业化、机械化的不断发展,将逐步用建筑机械代替繁重的体力劳动。加强机械设备管理,对于全面完成生产任务,减轻工人劳动强度,提高劳动生产率,降低成本,提高工程质量,缩短工期,以及现场文明施工等都具有重要的意义。

机械设备管理的任务是:正确地选择、合理地搭配机械设备;保证机械设备经常处于正常的生产状态;减少机械设备的闲置、损坏;提高机械设备的使用效率,充分发挥其生产水平,从而达到效率高、工期短、成本低、质量好的全面效果。

机械设备管理的内容包括:选择机械设备;合理使用机械设备;加强机械设备的维护和保养;适时地进行检查和修理,直至报废。总之,应对机械设备运动的全过程进行完善的管理。

2. 机械设备的使用管理

机械设备在施工过程中的使用管理是机械设备管理的基本环节。机械设备的使用管理应包括机械设备的正确选择，合理地组合使用，适时地维护和保养等环节。这样才能使机械设备在使用过程中保持良好的工作状态，充分发挥生产效率，并延长使用寿命，保证安全生产。

（1）机械设备的正确选择　不同的施工对象，其结构形式、工程特点、环境条件、施工方案以及工期进度的要求都各不相同，对施工机械设备的种类、型号、数量也各有不同的要求。机械设备选择不当，就不能满足工程的需要。施工方案是选择机械设备的依据。在拟定施工方案时必须考虑工程环境、技术经济条件，以及供应机械设备装饰性能，并要考虑不同机械设备的配套使用问题，使各种机械在配合使用中都能充分发挥作用。在使用中，必须严格按照机械设备的性能规定，不允许超性能使用。

在施工方案允许的范围内，选择机械设备应考虑以下因素：

1）机械设备的生产效率。即是指它在单位时间完成工程量的多少。所有机械的生产效率必须适应工程任务的要求，不应把工期压缩得太短而造成各方面工作过于紧张，或不能充分发挥机械效率。

2）机械设备必须保证工程质量，不能由于机械设备的性能不适应而采取一些不合理的措施，因而影响工程质量。

3）机械设备适应施工，要求装饰性能要强，可选用轻便多功能的机械设备或稍加改装就能适应工程需要的机械设备。

4）机械设备的能源耗费要少，可用单位工程量耗能指标来进行比较选择。

5）机械设备对环境的影响要小。机械噪声和排废等都会对环境产生有害的影响，必须严加控制。

6）机械设备维修的难易程度。选择机械设备除性能应满足要求之外，其维修、保养、检修的难易程度也是一个重要问题。

（2）合理地组合使用机械设备　采用机械设备进行施工，一方面要注意发挥单机的效率，同时更应注意配套协调的组织工作，有效地发挥配套机组的作用。因此，在机械的使用过程中，组织协调工作是非常重要的，必须有严密的计划、合理的安排。要做到机械设备的合理组合使用，必须做好以下工作：

人机固定岗位责任制。对各种机械应按其特性制定使用维修、保养、检修等责任制，配备专门机组人员使用，各负其责，将提高效率与个人的经济利益相联系。这样职责分明，才能调动机组专职人员的积极性和责任感。机组责任制要求各个环节互相协调，齐心协力，提高工作质量，降低能耗，爱护机械设备，保证机械设备时刻处于良好的运转状态。

（3）实行单车和机组核算　机械设备在使用过程中，既能生产，又需消耗，要计算出其所得的产品与所花费的代价是否合算，就需要建立核算制。要搞好机械设备的经济核算，必须做好以下几项基础工作：

1）要有一套先进合理的技术经济定额；

2）做好保养、检修及各项消耗的原始记录，填报要及时、准确；

3）要有相应的奖惩制度。核算指标，对增产节约的予以奖励，对不负责任造成损失浪费的要罚。核算的内容一般包括产值，检修、检查、修理所用的工料费及替换零件费，安装、拆除及辅助设施费，人工费，管理费，基本折旧费和大修理费等几项。

3.机械化施工管理

建筑及其装饰工程施工采用机械化,应遵循以下原则:

(1)贯彻机械化、半机械化和改良工具结合的方针。

(2)坚持大、中、小机械设备相结合,以国产机械为主的原则。

(3)应首先注重在不用机械便不能完成施工任务或不能保证施工质量的工程上和在劳动强度高、劳动条件差的工程上采用机械化施工。

机械化施工管理的基本目标是:充分发挥机械化施工的优越性,减轻劳动强度,加快工程进度,保证工程质量和降低工程成本。机械化施工管理不仅包括施工机械的管理,还包括施工技术和施工组织的管理,即应根据工程任务的要求,把施工机械、操作人员、施工方法、工程进度和施工程序等各方面科学地组织起来,进行有效地管理。

机械化施工方案制定的依据是:工程特点;工程规模;技术经济条件;设计图纸及有关技术文件;施工工期要求。

机械化施工方案的内容包括施工方法、施工程序、工程进度、现场布置、分项工程机械化施工的施工周期,还应考虑保证工程质量、安全技术及提高机械作业效率的措施。

4.工具和周转材料的管理

工具一般包括起重、焊接及测试用的仪表与千斤顶、滑车、划线尺、手推车、灰桶台秤、量具、刃具等等。周转材料包括模板、脚手架、操作平台、外挂架子、升降架等等,这些工具和周转材料,直接影响到工程质量的好坏和成本费用的高低及施工能否顺利进行。

工具与周转材料管理的主要任务是:按质按量、及时地供应施工现场的需要;及时回收,妥善保管,加强清洗维修,避免损失,增加周转次数和延长使用时间。在施工现场,必须设专人管理,负责发放并监督使用、回收、检验,组织维修、保管,使工具和周转材料能够充分发挥作用。

复习思考题

1.试述建筑装饰工程施工的程序。

2.建筑装饰施工开工前有哪些准备工作?

3.建筑装饰施工组织设计有哪些作用?怎样做?

4.试述建筑装饰施工管理的内容和任务。

5.建筑装饰施工管理中的"生产要素"指的是哪些方面?各包括哪些内容?

阴角抹子(也称阴角抽角器、阴角铁板)　用于阴角压光,分尖角及小圆角两种,如图12-1(6)所示。

圆阴角抹子(也称明沟铁板)　用于水池阴角以及明沟压光,如图12-1(7)所示。

塑料阴角抹子　用于纸筋白灰等罩面层的阴角压光,如图12-1(8)所示。

阳角抹子(也称阳角抽角器、阳角铁板)　用于压光阳角、做护角线,分尖角及小圆角两种,如图12-1(9)所示。

圆阳角抹子　用于楼梯踏步防滑条的捋光压实,如图12-1(10)所示。

捋角器　用于捋水泥抱角的素水泥浆,作护角用,如图12-1(11)所示。

小压子(抿子)　用于细部压光,如图12-1(12)所示。

大、小鸭嘴　用于细部抹灰处理,如图12-1(13)所示。

2.木制工具

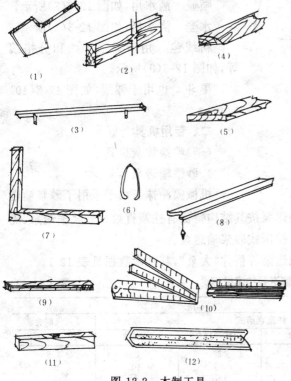

(1)　(2)　(4)

(3)　(5)

(7)　(6)　(8)

(9)　(10)

(11)　(12)

图12-2　木制工具

托灰板　用于操作承托砂浆,如图12-2(1)所示。

木杠(又称大杠)　分长、中、短三种。长杠长250~350cm,一般用于有做标筋;中杠长200~250cm,短杠长150cm左右,用于刮平地面或墙面的抹灰层,木杠的断面一般为矩形,如图12-2(2)所示。

软刮尺　要于抹灰层的找平,如图12-2(3)所示。

八字靠尺(又称引条)　一般作为做棱角的依据,其长度按需要截取,如图12-2(4)所示。

靠尺板　分厚薄两种,断面都为矩形。厚板多用于抹灰线,长约3~3.5m,薄板多用于做棱角,如图12-2(5)所示。

钢筋卡子　用于卡紧八字靠尺或靠尺板,常用直径8mm钢筋做成,尺寸视需要而定,如图12-2(6)所示。

方尺(也称兜尺)　用于测量阴阳角方正,如图12-2(7)所示。

托线板(也称吊担尺,担子板)和线锤　主要用于靠吊垂直,如图12-2(8)所示。

分格条(也称米厘条)　用于墙面分格及滴水槽,断面呈梯形的木条,断面尺寸及长度视需要而定,如图12-2(9)所示。

量尺　用于有丈量尺寸,有木折尺和钢卷尺,如图12-2(10)所示。

木水平尺　用于找平用,如图12-2(11)所示。

阴角器　用于墙面抹灰阴角刮平找直用,如图12-2(12)所示。

3.刷子等其他工具

长毛刷(又称软毛刷子)　室内外抹灰洒水用,如图12-3(1)所示。

图 12-3　刷子等其他工具

猪鬃刷　用于刷洗水刷石、拉毛灰，如图 12-3(2)所示。

鸡腿刷　用于长毛刷刷不到的地方，如阴角等，如图 12-3(3)所示。

钢丝刷　用于清刷基层，如图 12-3(4)所示。

茅草帚　茅草扎成，用于木抹子搓平时洒水，如图 12-3(5)所示。

小水桶　作业场地盛水用，常用油漆桶去盖代用或铁皮制，如图 12-3(6)所示。

喷壶　洒水用，如图 12-3(7)所示。

水壶　浇水用，如图 12-3(8)所示。

粉线包　用于弹水平线和分格线等，如图 12-3(9)所示。

墨斗　也用于弹线，如图 12-3(10)所示。

二、专用机具

(一)喷涂抹灰机具

1.砂浆输送泵

机械喷涂抹灰由于采用了砂浆输送砂浆，大大提高了劳动生产力。常用砂浆输送泵按其结构特征有柱塞直给式砂浆输送泵、隔膜式砂浆输送泵、灰气联合砂浆输送泵以及挤压式砂浆输送泵。

柱塞直给式、隔膜式及灰气联合砂浆输送泵等俗称"大泵"，其技术数据见表 12-1。

各种砂浆输送泵技术数据　　　　　　　　　　表 12-1

技　术　数　据		砂浆泵名称、型号			
		柱塞直给式		隔膜式	灰气联合
		HB6-3	HP-013	HP8-3	HK-3.5-7.4
输送量(m³/h)		3	3	3	3.5
垂直输送距离(m)		40	40	40	25
水平输送距离(m)		150	150	100	150
工作压力(MPa)		1.0	1.5	1.2	
配套电动机	型号	JQ₄-41-4	JO₂-52-4	JO₂-42-4	
	功率(kW)	4	7	2.8	5.5
	转速(r/min)	1440	1440	1440	1450
进浆口胶管内径(mm)		64			
排浆口胶管径(mm)		51	50.4	38	50
排气量(m³/h)					0.24
外型尺寸(长×宽×高)(mm)		1033×474×890	1825×610×1075	1350×444×760	1500×720×550
自重(kg)		250	650		293

小容量三级出灰量挤压泵是近年问世的砂浆输送泵，一般称作"小泵"，见图 12-4。其特点是，配套电机变换不同位置可使挤压管变换挤个压次数，形成三级出灰量，主要技术参数见表 12-2。

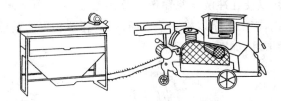

图 12-4 挤压式砂浆输送泵

挤压式砂浆输送泵技术数据　　　　　　　　　　　表 12-2

型　　　号	UBJ 0.8型	UBJ 1.2型	UBJ 1.8型
输灰量(m³/h)	0.2、0.4、0.8	0.3、0.6、1.2	0.3、0.4、0.6、0.9、1.2、1.8
垂直输送距离(m)	25	25	30
水平输送中距离(m)	80	80	100
额定工作压力(MPa)	1.0	1.2	1.5
主电机功率(kW)	0.4/1.1/1.5	0.6/1.5/2.2	1.3/1.5/2.0
外型尺寸(mm)	1220×662×960	1220×662×1035	1270×896×990
机重(kg)	175	165	300

2. 组装车

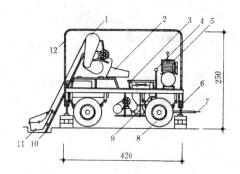

图 12-5　组装车

1—砂浆机；2—储浆槽；3—振动筛；4—压力表；
5—空气压缩机；6—支腿；7—牵引架；8—行走轮；
9—砂浆泵；10—滑道；11—上料斗；12—防护棚

　　组装车是把砂浆搅拌机、砂浆输送泵、空气压缩机、砂浆斗、振动筛和电气设备等都装在一辆拖车上，组成喷灰作业组装车，便于移动。根据采用砂浆输送泵的不同，其组装车也不同。

　　1)采用柱塞泵，隔膜泵或灰气联合泵　采用这三种泵，因其出灰量大、效率高，机械喷涂劳动组织较大，因此其设备较复杂，为便于移动，采取如图12-5所示的大组装车。

　　(2)采用挤压式砂浆输送泵　因其出灰量小，设备较简单，又因其输送距离小，在多层建筑物内喷涂作业时，可逐层移动泵体，比较灵活，因此组装车可设也可不设，其机具配套见表12-3。

机械喷涂罩面灰机具设备数量表　　　　　　　　　表 12-3

序　号	机具名称	主要规格及技术性能	数　量	备　注
1	挤压泵	JUB-0.8	2台	
2	砂浆搅拌机		1台	
3	空气压缩机	Q-0.6M³/min	2台	
4	振动筛		2台	筛底孔眼 φ5～6mm
5	挤压胶管	φ内32　l=1m	2根	
6	砂浆输送管	φ内25	240m	
7	压缩空气输送管	可用气焊胶管代替	240m	
8	喷枪头		2个	自制
9	砂浆运输车		4个	自制

3. 管道

　　管道是输送砂浆的主要设备。在建筑物外面的管道可采用钢管,在管道的进灰口(即输送泵的出口处)安装三通,以便在冲洗灰浆输送泵及管道时,打开三道阀门,使污水流出。管道连接采用法兰盘的形式,接头处垫以橡皮垫以防漏水。建筑物内的输送管道一般采用软胶管,胶管的连接采用铸铁卡具,如图12-6所示。

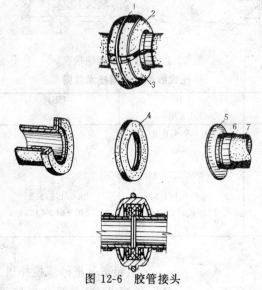

图 12-6　胶管接头

1—瓦圈;2—上瓦;3—下瓦;4—胶皮圈;5—接头法兰盘;6—卡箍;7—胶管

4.喷枪头

喷枪头用钢板或合金材料焊成。气管用铜管做成,插在喷枪头上的进气口用螺栓固定。喷枪头分两种,图12-7所示为大泵的喷枪头,图12-8为小泵喷枪头。

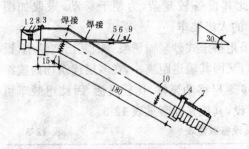

图 12-7　喷枪头

1—喇叭口(45号钢);2—喷嘴(45号钢);

3—喷嘴缩接(3号钢);4—枪尾缩接(3号钢);

5—气管缩接(六角黄铜棒);6—气管(紫铜棒);

7—枪尾(3号钢);8—弹簧热圈;9—气阀;10—枪身

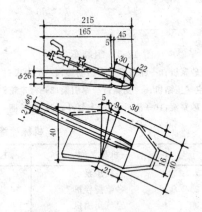

图 12-8　喷枪头(小泵)

(二)其他专用抹灰机具

1.条形模具

根据设计要求的条形,用木板做成条形的模具。为便于上下拉动,在模具口处可包以镀锌铁皮,见图12-9。还有一种特制的条形滚压模具,如图12-10所示。用这种工具可以很方便地在墙面上滚压接出清晰的条纹,而且操作比较简便。

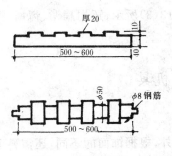

图 12-9　条形模具

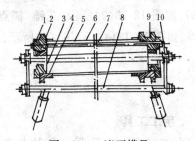

图 12-10　滚压模具

1—压盖;2—轴承;3、4—套圈;5—滚筒;
6—拉杆;7—轴;8—拉杆;9—手柄;10—连接片

2. 聚合物水泥砂浆喷涂主要机具

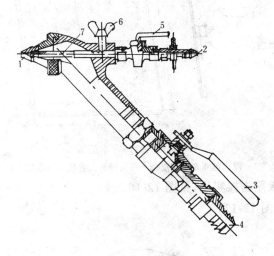

图 12-11　喷枪

1—喷嘴;2—压缩空气接头;3—砂浆胶管接头;4—砂浆控制阀;
5—压缩空气控制阀;6—顶丝;7—喷气管

空气压缩机(排气量 0.6m³/min,工作压力 0.4~0.6MPa);挤压式砂浆输送泵(UBJ-0.8型或 UBJ-1.2型);喷枪(喷嘴口径 5mm,见图 12-11);管径 25mm 胶管;气焊用小胶管;小台秤;砂浆稠度测定仪;以及其他用具。

3. 聚合物水泥砂浆滚涂机具

根据设计要求用于滚压各种不同花纹的辊子。辊子可用油印胶辊或打成梅花眼的泡沫辊子等。滚子长一般为 15~25cm。泡沫辊子用 φ50mm 或 φ30mm 的硬塑料做骨架,裹上 10mm 厚的泡沫塑料,也可用聚氨脂弹性嵌缝胶涂注而成,见图 12-12。

4. 斩假石机具

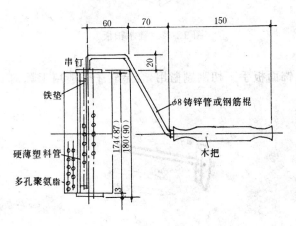

图 12-12　滚子

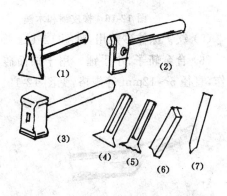

图 12-13　斩假石专用工具

163

斩假石除一般抹灰常用的手工工具外,还要备有剁斧(斩斧),如图12-13(1)所示;单刃或多刃,如图12-13(2)所示;花锤(棱点锤),如图12-13(3)所示;还用扁凿、齿凿、弧口凿和尖锥等,如图12-13(4)(5)(6)(7)所示。

第二节　贴面类机具

一、手工工具

贴面类饰面的施工,除一般抹灰常用的手工工具外,根据饰面的不同,还需要下述专用手工工具:

(1) 开刀　镶贴饰面砖拨缝用,见图12-14。

(2) 木垫板　镶贴陶瓷锦砖专用,见图12-15。

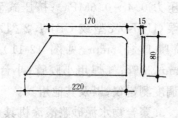

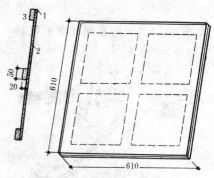

图 12-14　开刀

图 12-15　木垫板

1—四边包0.5厚铁皮;2—面层铺钉三合板;3—木垫板底盘架

(3) 木锤和橡皮锤　安装或镶贴饰面板敲击振实用,见图12-16。

(4) 硬木拍板　镶贴饰面砖振实用,见图12-17。

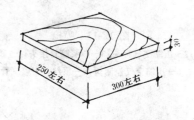

图 12-16　橡皮锤和木锤

图 12-17　硬木拍板

(5) 铁铲涂抹砂浆用,见图12-18。

(6) 合金斩子、小手锤　用于饰面砖、饰面板手工切割剔凿用,合金斩子一般用工具钢制作,直径6~12mm等规格,见图12-19。

图 12-18　铁铲

图 12-19　合金斩子和小手锤

(7) 钢斩　多用工具钢制作,直径12~25mm等规格,是斩凿分割饰面板加工工具,见

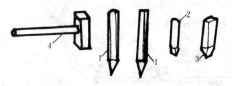

图 12-20 斩凿分割饰面板工具
1—钢;2—扁斩;3—方头斩;4—手锤

图 12-20(1)。

（8）扁斩　扁斩的大小长短与钢斩相似,但工作端部锻出一字形的斧状斩口是剁斧加工分割饰面板的工具,见图 12-20(2)。

（9）方头斩　也用工具钢制成,是饰面板修边加工的工具,见图 12-20(3)。

（10）手锤　用钢材锻成,重量有 0.5～1kg 数种,见图 12-20(4)。

(11)磨石　也叫金刚石,磨光饰面板、饰面砖板,分为 1、2、3、4、5、6 号等规格,其 1～3 号为粗磨石,4～5 号为细磨石,6 号为抛光磨石。

(12)合金钢钻头　安装饰面板、饰面砖钻孔用,常用直径 5、6、8mm 等。

此外,还有墨斗、画签、小线、铁水平尺、线坠、方尺、折尺、钢卷尺、托线板和克丝钳子以及拌制石膏用的胶碗等。

二、机具

1.手动切割器

专门切割饰面砖用,见图 12-21,操作时手握手压把,将要切割的饰面砖按已调整好的标尺位置,下压手压把,使合金圆刀片对正饰面砖切割线,前后沿滑道推拉,即将面划出口纹,然后揩起压把,翻转饰面砖将口纹对正压板,扳动手压把用力压,饰面砖即按纹线断裂。熟练掌握,可使饰面砖切割顺直、尺寸准确。

2.打眼器

饰面砖打眼用,见图 12-22。使用时按饰面砖孔眼位置及大小,定好中心孔眼及半径,用合金钢尖在饰面砖上连续转动,穿透时用小锤轻敲,孔眼即成。

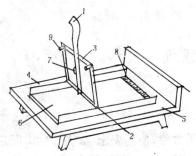

图 12-21　手动切割器

1—手压把;2—轴;3—压板;4—滑道;5—底盘;
6—胶板;7—合金刀片;8—标尺;9—胶头

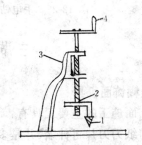

图 12-22　打眼机

1—合金钢尖;2—调整螺丝;3—金属架;
4—摇把

3.电热切割器

切割非整砖饰面砖用,见图 12-23。切割饰面砖时,将两根电热丝的两端固定在留有缝隙的两块耐火砖内,然后将饰面砖贴紧电热丝通电,即可将砖切断。

4.饰面板台式切割机

电动机割大理石等饰面板用机械,见图 12-24 所示,该机电动切割饰面板操作方便,速度快,但移动不便。

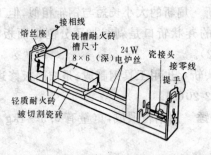

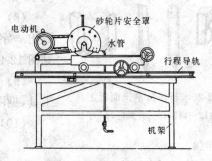

图 12-23　电热切割器　　　　　　图 12-24　台式切割机

5.电动切割机

该机工作头上装上金刚石刀片,可切割饰面板、饰面砖。

6.手电钻

用于饰面板、饰面砖等安装时钻孔用,见图 12-25。

7.电锤

又称冲击电钻,用于饰面板安装在混凝土等硬质基体上钻孔安放胀杆螺栓用,见图 12-26。

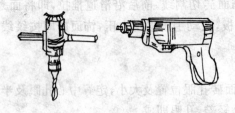

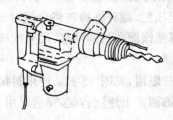

图 12-25　手电钻　　　　　　图 12-26　电锤

第三节　其他装饰工程机具

一、裱糊饰面机具

裱糊饰面施工的主要工具有:

活动剪纸刀刀片可伸缩、并是多节,用钝可截去,携带方便,使用安全,如图 12-27 所示。

薄钢片刮板用 0.35mm 厚硬中带软的钢片自制。规格是边长 12～14cm,宽 7.5cm,用红松做木柄;

胶皮刮板要 3～4mm 半硬质胶皮,用红松做木柄;

塑料刮板胶滚可用油印机胶滚代替,壁纸粘贴时滚压用;

图 12-27　活动剪纸刀

合金铝直尺长为 90cm 以上,宽 4cm,厚 1cm。尺面中线有凹槽,两边划有尺度,用于压裁壁纸等卷材。

其余工具裁纸案台,钢卷尺,普通剪刀,2m 直尺,水平尺,注射用针管及针头,粉线包、软布、毛巾、排笔、板刷及小台秤等。

二、罩面板饰面机具

(一)常用工具

1. 水泥钉

是一种直接钉入混凝土、砖墙等基体的手工固结材料常用规格见表 12-4。

水泥钉常用规格　　　　　　表 12-4

钉号(mm)	钉杆尺寸(mm)		100 个钉约重(kg)
	长度(L)	直径(d)	
7	101.6	4.57	13.38
7	76.2	4.57	10.11
8	76.2	4.19	8.55
8	63.5	4.19	1.17
9	50.8	3.76	4.73
9	33.1	3.76	3.62
9	25.4	3.76	2.51
10	50.8	3.40	3.92
10	38.1	3.40	3.01
10	25.4	3.40	2.11
11	38.1	3.05	2.49
11	25.4	3.05	1.76
12	38.1	2.77	2.10
12	25.4	2.77	1.40

2. 自攻螺钉

用电动自攻螺钉钻(见图 12-28)把各种罩面板固定在轻钢龙骨或铝合金龙骨上,自攻螺钉的规格见表 12-5。

沉头自攻螺钉规格　　　　　　表 12-5

直径(mm)	钉长(mm)
4	16,18,20
5	25,30

3. 射钉

是利用射钉枪击发射钉弹,使弹内火药燃烧释放出能量,将多种射钉直接钉入钢铁、混凝土或砖砌体等硬质基体中(见图 12-29)。

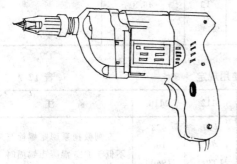

图 12-28　PIZ 电动自攻螺钉钻

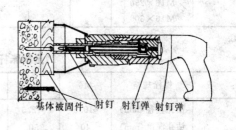

图 12-29　射钉紧固技术示意图

射钉有一般射钉、螺纹射钉和带孔射钉，见图12-30。其规格按照枪、弹、钉配套的情况，各厂家生产不一。使用时，应根据各厂家的说明书进行选用操作。

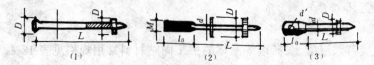

图 12-30　射钉的种类

(1)一般射钉；(2)螺纹射钉；(3)带孔射钉

4.膨胀螺栓

有聚乙烯、聚丙烯塑料膨胀螺栓和金属膨胀螺栓。金属膨胀螺栓系由底部成锥形的螺栓、能膨胀的套管、平垫圈、弹簧垫圈及螺母组成。用电钻或电锤钻孔后安装于各种基体上，螺栓自锚，可代替预埋螺栓，施工简便，锚固力强。常用规格见表12-6。使用规定见表12-7。

金属膨胀螺栓的规格　　　　　　　　　　　表 12-6

类　型	规　格	规格尺寸(mm)					重(kg/1000 件)	示意图
		L	l	c	a	b		
I	M6×65	65	35	35	3	8	2.77	I 型膨胀螺栓示意图
	M6×75	75	35	35	3	8	2.93	
	M6×85	85	35	35	3	8	3.15	
	M8×80	80	45	40	3	9	6.14	
	M8×90	90	45	40	3	9	6.42	
	M8×100	100	45	40	3	9	6.72	
	M10×95	95	55	50	3	12	10	
	M10×110	110	55	50	3	12	10.9	
	M10×125	125	55	50	3	12	11.6	
	M12×110	110	65	52	4	14.5	16.9	
	M12×130	130	65	25	4	14.5	18.3	
	M12×150	150	65	25	4	14.5	19.6	
	M16×150	150	90	70	4	19	37.2	
	M16×175	175	90	70	4	19	40.4	
	M16×200	200	90	70	4	19	43.5	
	M16×220	220	90	70	4	19	46.1	
Ⅰ型	M12×150	150	65	52	4	14.5	19.6	
	M12×200	200	65	52	4	14.5	40.4	
	M16×225	225	90	70	4	19	46.8	
	M16×250							
	M16×300							

金属胀杆螺栓的使用规定　　　　　　　　　　表 12-7

	螺栓规格	M6	M8	M10	M12	M16	备　　注
使用规定	钻孔直径(mm)	φ10.5	φ12.5	φ14.5	φ19	φ23	左列数据系膨胀螺栓与不低于 C15 混凝土锚固时的技术参考数据
	钻孔深度(mm)	40	50	60	75	100	
	允许拉力(N)	2400	4400	7000	10300	19400	
	允许剪力(N)	1800	3300	5200	7400	14400	

（二）常用机具

罩面板饰面安装使用材料品种较多，因此常用的机具较多。

常用手工工具如木质材料作业的框锯、单刃刀锯、双刃刀锯、夹背刀锯、侧锯、板锯、狭手锯、钢丝锯及多用刀等锯割工具，以及平刨、边刨、槽刨、线刨等刨削工具；还有划线工具及量具如划线笔、线勒子、墨汁、墨株、量尺、角尺、水平尺、三角尺、线锤等；其他如羊角锤、平头锤、起钉器及螺丝批等。

常用机械有手电钻、电锤、砂轮机等，还有专用机械：小型无齿锯。如图12-31所示，用于切割轻钢龙骨或铝合金龙骨。

J3G-400 型　　　　　　　　J3GS-300 型（双速）

图 12-31　小型无齿锯

装饰工程机具品种繁多，性能各异，有时同一机具在几方面可以使用。

复习思考题

1. 装饰工程机具种类有哪些？
2. 各种机具的性能如何？

参 考 文 献

1. 祖青山编. 建筑施工技术. 北京：中国环境科学出版社，1988
2. 徐化玉编著. 建筑饰面施工技术. 北京：中国建筑工业出版社，1988
3. 史春珊主编. 建筑装饰工程施工工艺. 沈阳：辽宁科学技术出版社，1988
4. 杨天佑编著. 建筑装饰工程施工. 北京：中国建筑工业出版社，1988
5. 江苏省建筑工程局组织编写. 建筑装饰施工. 北京：中国建筑工业出版社，1992
6. 《建筑装饰工程施工及验收规范》(JGJ 73—91). 北京：中国建筑工业出版社，1989

第十二章 建筑装饰工程机具

第一节 抹灰用机具

一、常用手工工具

1. 抹子

铁抹子 用于抹底层灰或水刷石、水磨石面层。其形状用方头和圆头两种,如图12-1(1)所示。

钢皮抹子 外形与铁抹子相似,但比较薄,弹性较大,用于抹水泥砂浆面层等。

压子 用于水泥砂浆面层压光和纸筋灰罩面等,如图12-1(2)所示。

铁皮 用弹性较好的钢皮制成,用于小面积或铁抹子伸不进去的地方抹灰或修理,如用于门窗框嵌缝,如图12-1(3)所示。

塑料抹子 用聚乙烯硬质塑料制成,用于压光纸筋灰面层。有方头、圆头两种,如图12-1(4)所示。

木抹子(也称木蟹) 用于砂浆的搓平压实。有方头、圆头两种,如图12-1(5)所示。

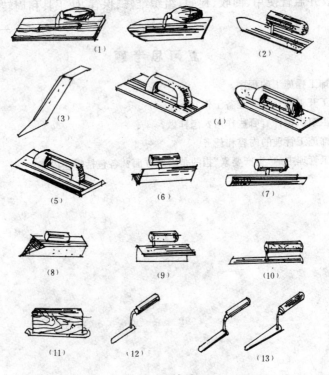

图 12-1 抹子